职业教育改革创新教材

ASP动态网页设计

卢广峰　陈　光　主　编
单祖良　王　蒙　副主编
王建民　张俊玲　参　编

U0304454

電子工業出版社
Publishing House of Electronics Industry
北京 · BEIJING

内容简介

本书共分8个项目，项目1主要介绍企业网站的规划与设计，项目2主要介绍网站环境搭建，项目3主要介绍数据库的创建与连接，项目4主要介绍网站新闻发布与管理，项目5主要介绍会员注册管理，项目6主要介绍网上调查系统制作，项目7主要介绍客户反馈系统，项目8主要介绍网站测试和发布。

本书配备了包括电子教案、教学指南、教学素材、习题答案等内容的教学资源包，为教师备课提供了全方位的服务。

本书可作为中职学校网页设计相关专业的教材，也可供动态网页设计的爱好者作为参考书。

图书在版编目（CIP）数据

ASP动态网页设计 / 卢广峰，陈光主编. —北京：电子工业出版社，2016.1

ISBN 978-7-121-27918-8

Ⅰ. ①A… Ⅱ. ①卢… ②陈… Ⅲ. ①主页制作—程序设计 Ⅳ. ①TP393.092

中国版本图书馆CIP数据核字（2015）第308180号

策划编辑：关雅莉
责任编辑：郝黎明
印　　刷：北京七彩京通数码快印有限公司
装　　订：北京七彩京通数码快印有限公司
出版发行：电子工业出版社
北京市海淀区万寿路173信箱　邮编　100036
开　　本：787×1 092　1/16　印张：11.75　字数：300.8千字
版　　次：2016年1月第1版
印　　次：2019年7月第3次印刷
定　　价：26.00元

凡所购买电子工业出版社图书有缺损问题，请向购买书店调换。若书店售缺，请与本社发行部联系，联系及邮购电话：（010）88254888，88258888。

质量投诉请发邮件至zlts@phei.com.cn，盗版侵权举报请发邮件至dbqq@phei.com.cn。

本书咨询联系方式：（010）88254617，luomn@phei.com.cn。

前言

本书是依据教育部颁布的《中等职业学校专业教学标准（试行）信息技术类（第一辑）》中“网页制作”课程教学的基本要求编写的。本书坚持“以服务为宗旨，以就业为导向”的职业教育办学方针，充分体现以全面素质为基础，以能力为本位，以适应新的教学模式、教学制度需求为根本，以满足学生需求和社会需求为目标的编写指导思想。在编写中，力求突出以下特色。

（1）内容先进。本书按照计算机行业发展现状，更新了教学内容，体现了新知识的应用。本书使用了网页制作软件 Dreamweaver CS6。使用这款业界领先的网页制作软件可以方便地进行网页设计，实现网站的管理，给网页添加动感内容，并可制作出支持数据库的动态网页。

（2）知识实用。结合中等职业学校教学实际，以“必须、够用”为原则，降低了理论难度。本书突出常用的、网页制作所必须掌握的知识技能的讲解，可以更好地提高学习效率。

（3）突出操作。体现以应用为核心，以培养学生实际动手能力为重点，力求做到学与教并重，科学性与实用性相统一，紧密联系生活、生产实际，将讲授理论知识与培养操作技能有机地结合起来。本书通篇贯穿完整网站制作过程，和生产实践相结合，操作性强，理论内容适量，体现了面向就业的教学思想。

（4）结构合理。本书紧密结合职业教育的特点，借鉴近年来职业教育课程改革和教材建设的成功经验，在内容编排上采用了任务引领的设计方式，符合学生心理特征和认知、技能养成规律。本书每一部分均由若干任务构成，将知识点融于任务之中，且注重知识和技能的迁移，有利于激发学生学习的积极性。

（5）教学适用性强。本书每个项目在完成一个具体任务的基础上，设计了拓展与提高、试一试、总结与回顾、实训与习题等内容，便于教师教学和学生自学。

（6）配备了教学资源包。本书配备了包括电子教案、教学指南、教学素材、习题答案等内容的教学资源包，为教师备课提供了全方位的服务。

本书共分 8 个项目，项目 1 主要介绍**企业网站的规划与设计**，项目 2 主要介绍**网站环境搭建**，项目 3 主要介绍**数据库的创建与连接**，项目 4 主要介绍**网站新闻发布与管理**，项目 5 主要介绍**会员注册管理**，项目 6 主要介绍**网上调查系统制作**，项目 7 主要介绍**客户反馈系统**，项目 8 主要介绍**网站测试和发布**。

本书教学课时为 64 课时，在教学过程中可参考以下课时分配表。

PREFACE

章次	课程内容	课程分配		
		讲授	实训	合计
项目 1	企业网站的规划与设计	2	2	4
项目 2	网站环境搭建	2	2	4
项目 3	数据库的创建与连接	2	4	6
项目 4	网站新闻发布与管理	4	16	20
项目 5	会员注册管理	4	4	8
项目 6	网上调查系统	2	4	6
项目 7	客户反馈系统	2	4	6
项目 8	网站测试和发布	2	2	4
	综合实训		6	6

本书由卢广峰和陈光担任主编，单祖良和王蒙担任副主编。参与本书编写的还有王建民、张俊玲。

由于编者水平所限，加之时间仓促，书中不足之处在所难免，敬请读者批评指正。

本书配有配有电子教学课件，请有此需要的教师登录华信教育资源网（www.hxedu.com.cn）注册后免费进行下载，如有问题可在网站留言板留言或发邮件到 hxedu@phei.com.cn。

编　者

2015 年 4 月

目录

CONTENTS

CONTENTS

项目 1 企业网站的规划与设计

随着信息技术的发展，企业网站已经成为企业在互联网上进行形象宣传不可缺少的渠道。通过连接在 Internet 上的站点，企业可以宣传自己的产品；树立企业良好的形象；通过企业网站直接帮助企业实现产品的销售；通过企业网站加强客户服务，与潜在客户建立商业联系。

由于网站可以更容易地表现产品、服务的特性和思想，而且方便、快捷，因此逐渐成为对外展示企业形象和产品的理想选择。越来越多的企业认识到网络的重要性，为了充分利用网络资源，很多单位都在加紧建设自己的网站，因此社会对企业网站的建设与管理人员有很大的需求量。通过本项目的学习可以使初学者对企业网站建设做好必要的知识准备。

项目目标

（1）了解企业网站的分类及作用；
（2）了解企业网站建设的需求分析；
（3）了解企业网站建设的目标；
（4）掌握企业网站整体架构与功能规划。

项目描述

本项目将通过两个任务来说明在企业网站建设过程中如何对网站建设进行需求分析，确定网站的建设目标；如何对网站栏目与整体架构进行规划，网站模块的功能规划，从而对企业网站的规划有一个初步的了解，掌握网站规划的基本方法。

任务 1 企业网站的需求分析与建设目标

任务目标

（1）了解企业网站的分类及作用；
（2）了解企业网站的需求分析；
（3）了解企业网站建设目标如何确定。

任务描述

上海企业网是一家从事网站开发的科技企业，企业为了充分利用互联网来宣传公司，推广公司的技术、产品及服务，需要建立自己的企业网站。本任务通过需求分析，确定企业网站的建设目标。

任务分析

本任务通过对“企业为何要建立自己的网站？”这个问题的分析，来了解企业网站建设的需求分析及网站建设目标。

操作步骤

步骤 1. 企业为什么要创建网站——需求分析。

现在网络的发展已呈现商业化、全民化、全球化的趋势。目前，几乎世界上所有的公司都在利用网络传递商业信息，进行商业活动，从宣传企业、发布广告、招聘雇员、传递商业文件乃至拓展市场、网上销售等，无所不能。如今网络已成为企业进行竞争的战略手段。企业经营的多元化拓展，企业规模的进一步扩大，对于企业的管理、业务扩展、企业品牌形象等提供了更高的要求。在以信息技术为支撑的新经济条件下，越来越多的企业已开始利用网络这个有效的工具。网站早已由论证阶段进入了实质阶段，尤其为企业提供了一个展示自己的舞台、为消费者创造了一个了解企业的捷径。公司可以通过建立商业平台，实行全天候销售服务，借助网络推广企业的形象、宣传企业的产品、发布公司新闻，同时通过信息反馈使公司更加了解顾客的心理和需求，网站虚拟公司与实体公司的经营运作有机的结合，将会有利于公司产品销售渠道的拓展，并节省大量的广告宣传和经营运营成本，更好地把握商机。当然，企业还是弄清楚为什么要建网站，即进行需求分析。

（1）企业自身有什么特点？是否需要在网络上展示自己的形象？是否适合在互联网上开展业务？

（2）市场主要竞争者的网站有哪些功能？是何种风格？主要用途是什么？

（3）网站有哪些栏目？每个栏目要实现哪些功能？

（4）公司网站建设的核心目的和意义是什么？是满足现实需求并兼顾未来发展，还是为建站而建站？建站的资金预算与网站功能要求及规模需求是否相匹配？这些因素在网站建设前都需要进行充分分析、论证，再决定是否要建设企业自己的网站。

步骤 2. 网站期望与目标——确定建设目标。

（1）公司建立有效的企业形象宣传、企业风采展示、公司产品宣传，打造“公司”新形象，突出公司的科技企业形象。

（2）充分利用网络快捷、跨地域优势进行信息传递，对公司的新闻进行及时的报道。

（3）通过产品数据库功能实现网上产品订单、资料搜索、供求联系等,进行网上产品销售的在线指导，实现安全快捷的网上产品的查询,提供便利的产品及相关资料共享等网上服务。

（4）为企业和客户提供网上开放平台，增进系统内外的信息互通，了解客户的服务需求和对信息的咨询，提高客户的满意度。

步骤3. 企业网站定位。

做网站建设同样需要给网站定位，网站的风格、结构、功能等均服从于这一定位。在对网站建设进行了需求分析和网站目标确定的基础之上，针对具体情况和要求，给将要建设的网站如下定位。

通过网站来达到全方位展现企业综合实力的目的，充分树立企业在行业内的地位，让网站成为宣传形象的新阵地。

网站的建设在风格方面要具有突出企业文化内含的特点；在技术上具有超前意识，不仅在现阶段具有先进性，能适应目前的需要，还要为今后预留可持续发展的空间，能适应互联网的飞速变化，使其在未来仍处于领先地位。

网站的结构、功能等方面做到“以人为本”；能从浏览者的习惯、客户的需求进行建设、设置，使浏览者和潜在客户能够感受到网站是为其专门服务的，具有亲切感和亲和力。

知识链接

1．网站类型

（1）信息发布型

信息发布型的网站是企业面向新老客户、业界人士及全社会的窗口，是目前最普遍的形式之一。该类网站以介绍企业的基本资料、帮助树立企业形象为主；将企业的日常涉外工作联网，其中包括营销、技术支持、售后服务等，也可以适当提供行业内的新闻或者知识信息。

（2）品牌宣传型

品牌宣传型网站简单来说就是以网站宣传为主，目的是塑造企业形象和品牌建设，以此来打响企业知名度。本类型网站着重展示企业 CI、传播品牌文化、提高品牌知名度。该网站的设计不同于一般的平面广告设计，其设计非常强调创意，网站利用多媒体交互技术、动态网页技术，配合广告设计，来宣传企业品牌。

网站主要面向客户或者企业产品（服务）的消费群体，以宣传企业的核心品牌形象或者主要产品（服务）为主。

（3）产品展示型

产品展示型网站主要是指产品（服务）查询展示的网站建设，其网站核心目的是推广产品（服务），是企业的产品“展示框”。利用网络的多媒体技术、数据库存储查询技术、三维展示技术，配合有效的图片和文字说明，将企业的产品（服务）充分展现给新老客户，使客户能全方位地了解公司产品。

网站主要面向需求者，展示自己产品的详细情况，以及公司的实力。对产品的价格、生产、详细介绍等做最全面的介绍。这种类型的企业网站是展示自己产品的最直接、最有效的方式，即在注重品牌形象的同时也重视产品的介绍。

（4）电子商务型

这种类型的网站主要面向供应商、客户或者企业产品的消费群体，是以物品销售为主的网上购物型网站。利用这种类型的网站可以开辟新的营销渠道，扩大市场，同时网站建设还可以接触最直接的消费者，获得第一手的产品市场反馈，有利于市场决策。

电子商务型网站不仅具有信息发布和网上销售的功能，还应具有产品管理、订购管理、订单管理、产品推荐、支付管理、收费管理、送发货管理、会员管理、客户服务交流管理等基本系统功能。

2. 企业网站的优势

企业可降低广告宣传费用，使客户快捷地找到企业资料。

企业可随时获取和发布商业信息，寻找潜在客户，促成贸易。

企业可提供每天 24 小时的产品宣传服务。

企业利用互联网扩大自己的知名度。

企业在网上出售商品，降低了销售费用。

企业能更快捷地了解客户需求。

企业能有利于市场的开拓。

企业能更好地与供应商、销售渠道和合作伙伴沟通与交流。

企业能改善组织结构和管理体系，提高工作效率，及时适应市场变化。

企业可以树立现代化形象。

拓展与提高

1. 企业网站规划的基本内容

企业网站的规划一般从以下几个方面着手。

（1）建站目的：是为了树立企业形象、宣传产品，进行电子商务、网上开店，还是建立行业性网站？是企业的基本需要还是市场开拓的延伸？

（2）网站类型：是门户综合信息型网站、品牌宣传型网站，还是产品展示型网站、电子商务型网站？

（3）网站功能：需要具备哪些基础功能？哪些应用功能？哪些可延展功能？是否需要方便以后改版而尽量避免重建？是否需要方便企业自己管理和维护，以尽量降低后期维护网站的费用？

（4）网站栏目：如明确需要建立哪些具体栏目？一级栏目及二栏目（层级不应太多，最好不超过三级）各有哪些？导航栏如何设定？一般的公司网站通常包括的栏目有公司简介、企业动态、产品介绍、客户服务、联系方式、在线留言等，具体可以根据各企业的实际需求而定。

（5）结构布局：主要体现在首页，一般应考虑主要目标访问群体的分布地域、年龄阶层、网络速度、阅读习惯等。可用图表的方式明确表示出各栏目的安排及逻辑关系。

（6）风格色调：是清爽淡雅型，还是个性另类型？是热情跳跃型，还是沉稳思辨型？为更好地表明自己的需求和意图，企业可以给建站公司提供 1～3 个基本符合自己喜好和需求的风格及色调的网站作为参考。应符合企业 CI 规范，注意网页色彩、图片的应用及版面策划，保持企业形象的整体性。

（7）表现形式：是顺应大流还是独辟蹊径？是实惠实用还是为吸引眼球而不计成本？是否需要 Flash 引导页？

（8）费用预算：这是企业准备在网站建设上投入的资金成本。网站建设的价格一般从几千元到几十万元不等，具体价格一般与功能要求及内容多少是成正比的。其高低通常与网站需求的功能、规模大小、内容多少成正比。企业能明确提供预算，不仅能表明建站的诚意，还可以促进网建公司尽量在企业预算范围内实现企业的需求，同时也使企业自己对网站策划方案的撰写不会脱离经济基础。

试一试

某公司是一家从事 IT 产品销售与服务的企业，公司为提高产品销售量，树立公司形象，想要建立自己的企业网站，请对该公司网站建设进行需求分析、确定网站的目标和网站定位。

任务 2 企业网站整体架构与功能规划

任务目标

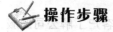

（1）了解企业网站一般应具备的栏目；
（2）了解企业网站一般应具备的模块；
（3）了解企业网站常用模块的功能。

任务描述

上海企业网是一家从事网站开发的科技企业，企业为了充分利用互联网来宣传公司，推广公司的技术、产品及服务，需要建立自己的企业网站。本任务要完成该网站架构和功能的规划与设计。

任务分析

在对企业网站分析和明确建设目标的基础上，根据网站的定位最终形成企业网站整体架构和功能的规划与设计。

操作步骤

步骤 1．网站架构与栏目规划

（1）企业网站架构如图 1-1 所示，其中列举了主要网站栏目。

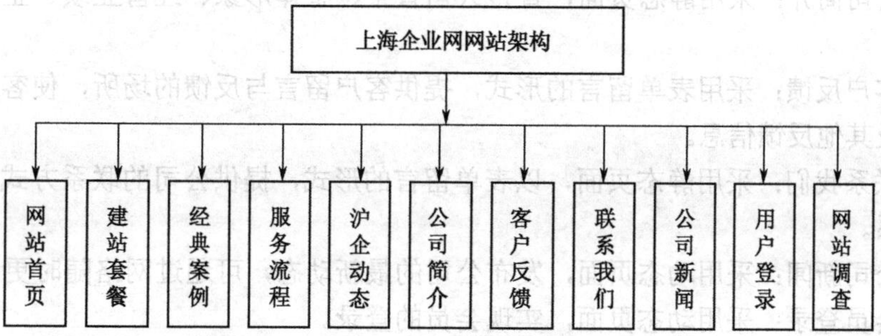

图 1-1 企业网站架构

（2）网站首页的布局如图 1-2 所示。

图 1-2　网站首页的布局

步骤 2. 网站功能模块规划。

（1）网站首页：采用 ASP 动态页面，将整个网站的最新信息在首页上显示，主要包括最新动态信息、推荐产品等。浏览者一进入首页就能够了解整个网站的最新更新和公司的最新活动，简洁明快、主题鲜明，给浏览者赏心悦目、一目了然的感觉，吸引浏览者经常访问该公司网站。

（2）建站套餐：采用产品动态数据库，管理员能够自行上传、提交产品信息，能够对产品信息进行维护管理，浏览者在前台能够分类查看、浏览产品信息。

（3）服务流程：采用静态页面，提供公司对客户的服务流程，帮助客户了解公司的服务方式及过程。

（4）沪企动态：采用动态页面，发布上海 IT 行业最新新闻，通过网站随时更新。

（5）公司简介：采用静态页面，宣传公司背景、整体形象、经营业绩、企业文化、宏伟蓝图等。

（6）客户反馈：采用表单留言的形式，提供客户留言与反馈的场所，使客户能够在线提供建议及其他反馈信息。

（7）联系我们：采用静态页面，以表单留言的形式，提供公司的联系方式，方便客户与公司联系。

（8）公司新闻：采用动态页面，发布公司的最新动态，可通过网络随时更新 。

（9）会员登录：采用动态页面，实现会员的登录。

（10）网站调查：采用动态页面，实现公司发起的网站调查。

（11）后台管理：管理公司新闻的添加、删除、修改；管理公司产品的添加、删除、修改；管理客户留言；管理公司的会员及客户；管理公司发起的网站调查。

步骤 3. 网站文件目录结构设置。

网站文件目录结构如图 1-3 所示。

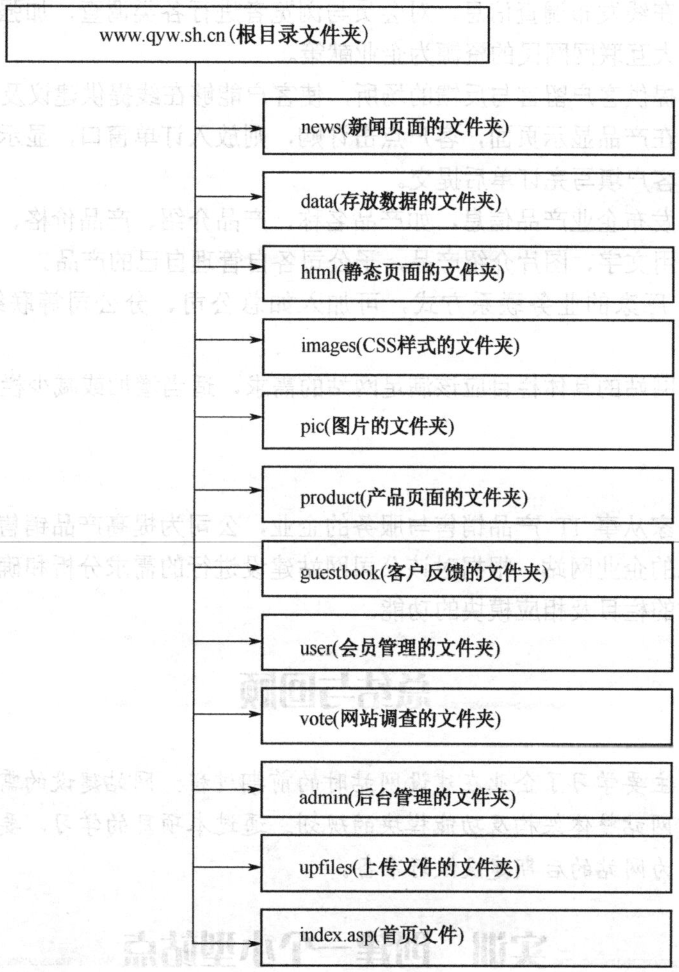

图 1-3 网站目录结构

知识链接

1. 网站建设方案

一个完整的网站建设方案主要包括网站建设的需求分析、网站的框架结构、网站功能模块、网站建设预算、网站建设实施及服务等几部分。其中网站的框架结构规划、网站功能模块规划是最重要的部分。

2. 企业网站大致包含的栏目

公司介绍：宣传公司背景、整体形象、经营业绩、企业文化等。

公司新闻：发布企业新闻信息，如产品优惠信息、企业新产品、企业活动、报纸报道等新闻信息，可采用文字、图片，甚至录像介绍信息。

公司信誉：展示公司的营业执照、荣誉证书等，宣传公司。

营销网络：根据产品营销情况及产品主销分布制作相应的联系方式。

人才招聘：在线发布人才招聘信息，提供动态人才招聘信息及在线求职申请，为公司引进人才提供新的轨道。

在线调查：在线发布调查信息，对会员与浏览者进行各类调查，加强企业与外界的联系，充分利用广大互联网网民的资源为企业献策。

在线反馈：提供客户留言与反馈的场所，使客户能够在线提供建议及其他反馈信息。

在线订单：在产品显示页面，客户点击订购，则放入订单窗口，显示订购的产品、订单的相关细节，客户填写完订单后提交。

产品信息：发布企业产品信息，如产品名称、产品介绍、产品价格、产品图片等产品相关信息，可采用文字、图片介绍产品，子公司各自管理自己的产品。

联系我们：厂家的业务联系方式，可加入如总公司、分公司等联络资料或配上简易地图。

当然，企业网站的具体栏目应该满足网站的需求，适当增加或减少栏目。

试一试

某公司是一家从事 IT 产品销售与服务的企业，公司为提高产品销售量，树立公司形象，想建立自己的企业网站，根据对该公司网站建设进行的需求分析和确定的网站目标，规划该公司网站的栏目及相应模块的功能。

总结与回顾

在本项目中主要学习了企业在建设网站时的前期过程：网站建设的需求分析、网站建设目标的确定、网站整体架构及功能模块的规划。通过本项目的学习，要了解网站建设的一些必要工作，为网站的后期建设做好准备。

实训　创建一个小型站点

任务描述

假如某公司是一家从事网站开发的 IT 公司，现在有一家从事服务生产的公司，为了宣传公司，树立公司形象，想建立公司的网站。IT 公司应如何为服务生产公司的网站建设做规划方案？

任务分析

一个网站建设的规划方案应该包括：项目需求分析、确定建设目标、网站整体架构规划、网站运行平台、网站建设实施过程等。

习题 1

1．选择题

（1）为了在互联网上推广公司产品应该建（　　）的网站。

A．品牌宣传型　　B．电子商务型　　C．产品展示型　　D．信息发布型

（2）商都信息港属于（　　）的网站。

A．品牌宣传型　　B．电子商务型　　C．产品展示型　　D．信息发布型

（3）淘宝商务平台属于（　　）的网站。

A．品牌宣传型　　B．电子商务型　　C．产品展示型　　D．信息发布型

（4）某公司为了塑造企业形象和品牌建设应该创建（　　）的网站。

A．品牌宣传型　　B．电子商务型　　C．产品展示型　　D．信息发布型

2．填空题

（1）企业网站的类型一般有________、________、________和________。

（2）网站规划中比较重要的两部分是________和________。

（3）网站的后台一般是对网站的信息进行管理的，如信息的________、________和________等。

3．简答题

（1）企业建立企业网站有哪些优势？

（2）企业网站一般包括哪些栏目？

项目 2 网站环境搭建

网络技术快速发展，许多网页文件已不再是静态页面，如扩展名为.php、.asp、.jsp 等的网页都是采用动态网页技术制作出来的。动态网页其实就是建立在 B/S（浏览器/服务器）架构上的服务器脚本程序，在浏览器端显示的网页是服务器端程序运行的结果。因此，计算机中必须安装 Web 服务器程序。

Dreamweaver CS6 对动态页面的设计提供了非常出色的支持，Dreamweaver CS6 可视化工具可以开发动态站点，设计者不必编写复杂的代码，就可以使用快速创建具有各种功能的应用程序和站点管理。

该项目将介绍 IIS 的安装、动态 Web 站点的建立，以及利用 Dreamweaver CS6 对站点进行创建和管理。

项目目标

（1）掌握 IIS 的安装;
（2）掌握动态站点的创建与配置;
（3）掌握在 Dreamweaver CS6 中如何建立和管理站点;
（4）了解动态网站的一般特点;
（5）了解 IIS 的含义。

项目描述

本项目将通过 3 个任务来完成动态网站运行环境的搭建与配置，以及在 Dreamweaver CS6 中创建和管理站点。

任务 1 安装 IIS

任务目标

（1）了解 Windows 7 中 IIS 的相关知识;
（2）掌握 Windows 7 中 IIS 的安装;
（3）了解 Windows Server 2008 操作系统中如何安装 IIS。

任务描述

在 Windows 7 操作系统中安装动态网站的服务端运行环境。

任务分析

默认情况下，Windows 7 安装后没有自动安装 IIS，需要用户自己手动安装。

要在 Windows 7 操作系统中安装 IIS，必须确保已经安装了 IE 6.0 或更高版本的浏览器。

操作步骤

步骤 1. 单击计算机左下角的“开始”按钮，然后选择“控制面板”命令，打开“控制面板”窗口，如图 2-1 所示。

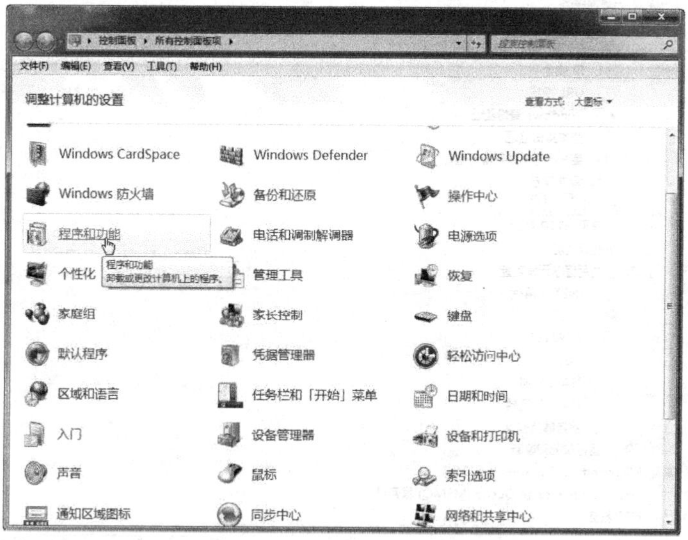

图 2-1 “控制面板”窗口

步骤 2. 在“控制面板”窗口中，双击“程序和功能”选项，打开“程序和功能”窗口，如图 2-2 所示。

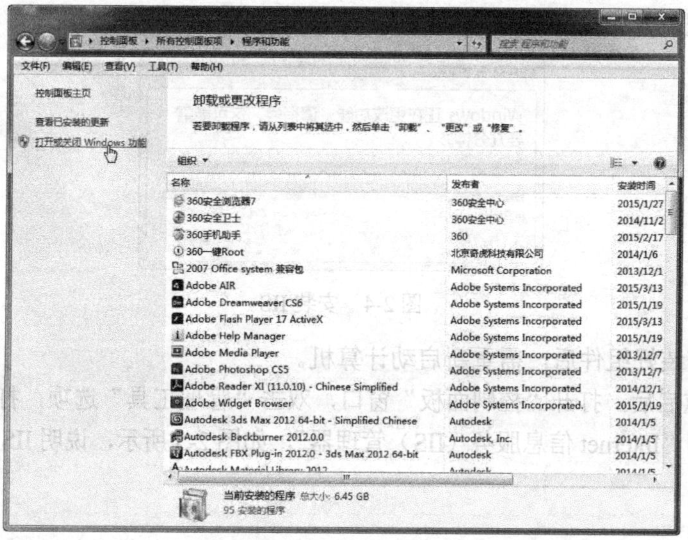

图 2-2 “程序和功能”窗口

步骤 3. 在“程序和功能”窗口的左侧，单击“打开或关闭 Windows 功能”超链接，打开“Windows 功能”窗口，可在此窗口中选择相应的 Windows 功能，如图 2-3 所示。

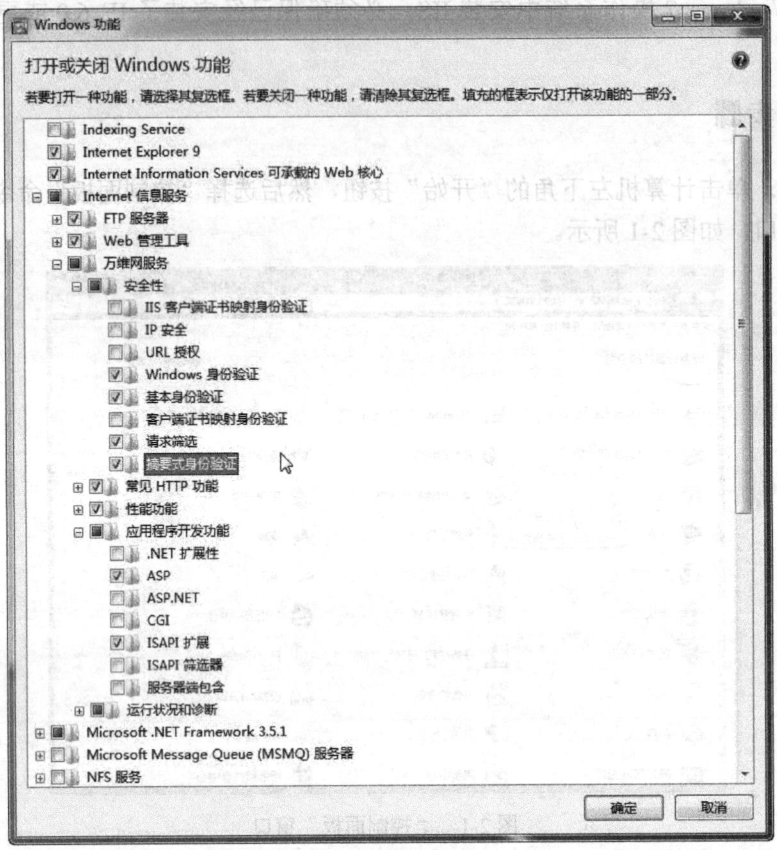

图 2-3　打开或关闭 Windows 功能

步骤 4. 在“Windows 功能”窗口中选择要安装的功能，这里选择安装 IIS 功能，单击“确定”按钮，开始安装 IIS，如图 2-4 所示。

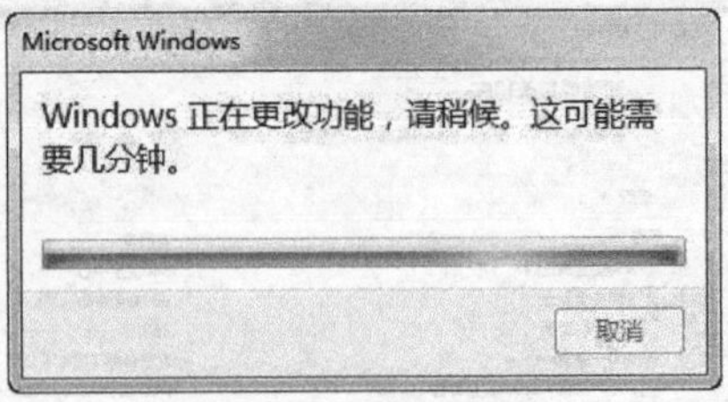

图 2-4　安装 IIS

步骤 5. 安装好组件后，需重新启动计算机。

步骤 6. 重启后，打开“控制面板”窗口，双击“管理工具”选项，打开“管理工具”窗口，可以看到“Internet 信息服务（IIS）管理器”，如图 2-5 所示，说明 IIS 安装成功。

图 2-5 “管理工具”窗口

知识链接

网站要在服务器平台下运行，必须在计算机上安装能够提供 Web 服务的应用程序，对于开发 ASP 页面来说，安装互联网信息服务（Internet Information Services，IIS）是最好的选择。

（1）IIS 是一个 World Wide Web Server，是由微软公司提供的基于 Microsoft Windows 的互联网的基本服务。

IIS 是一种 Web（网页）服务组件，其中包括 Web 服务器、FTP 服务器、NNTP 服务器和 SMTP 服务器，分别用于网页浏览、文件传输、新闻服务和邮件发送等，它使得在网络（包括互联网和局域网）上发布信息成为一件很容易的事。

（2）常用 IIS 的版本如下。

IIS 5.1，适用于 Windows XP Professional 操作系统；

IIS 6.0，适用于 Windows Server 2003 操作系统；

IIS 7.0，适用于 Windows Server 2008、Windows 7 操作系统。

拓展与提高

默认情况下，安装 Windows Server 2008 时没有安装 IIS 功能组件，需要另行安装。

步骤 1. 在“运行”对话框的“打开”文本框中输入“servermanager.msc”命令，如图 2-6 所示，打开“服务器管理器”窗口；或者选择“开始”→“程序”→“管理工具”→“服务器管理器”命令来打开“服务器管理器”窗口。

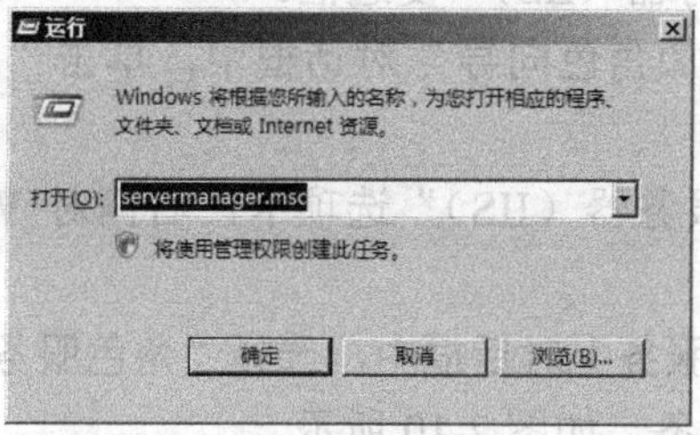

图 2-6 运行 servermanager.msc 命令

步骤 2. 在“角色”节点中，单击“添加角色”超链接，如图 2-7 所示。

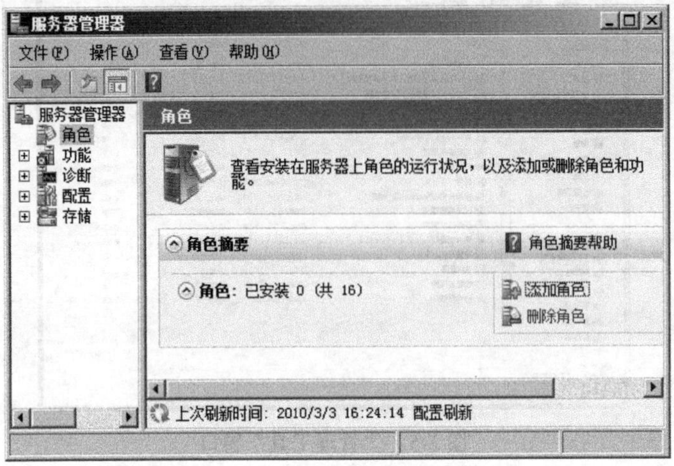

图 2-7　添加角色

步骤 3. 在弹出的“添加角色向导”对话框中选择服务器角色，这里选择“服务器角色”选项卡，如图 2-8 所示。

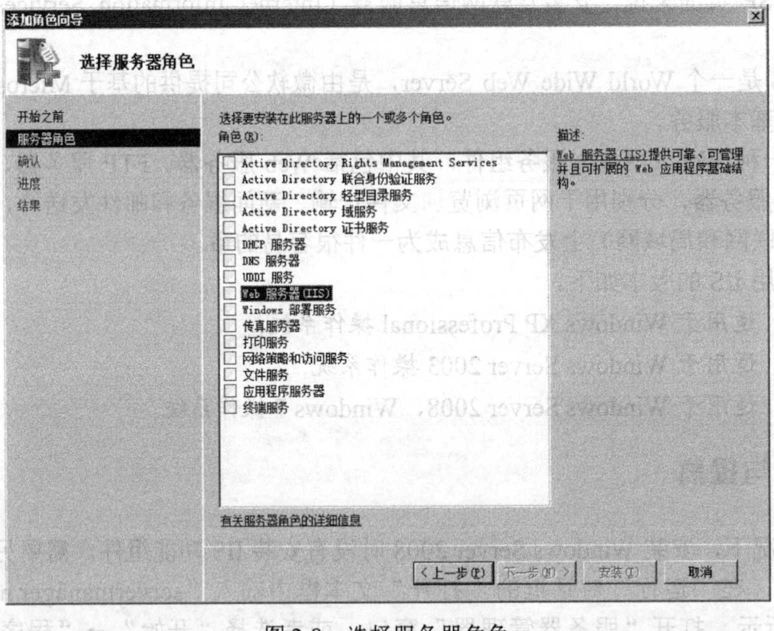

图 2-8　选择服务器角色

步骤 4. 选中“Web 服务器（IIS）”复选框。

步骤 5. 在弹出的“添加角色向导”对话框中，单击“添加必需的功能”按钮，如图 2-9 所示。

步骤 6. 选择“Web 服务器（IIS）”选项卡，右侧对 Web 服务器（IIS）进行了简单介绍。

步骤 7. 在“选择角色服务”对话框中，选择“角色服务”选项卡，可以看到为 Web 服务器（IIS）安装的角色服务，如图 2-10 所示。

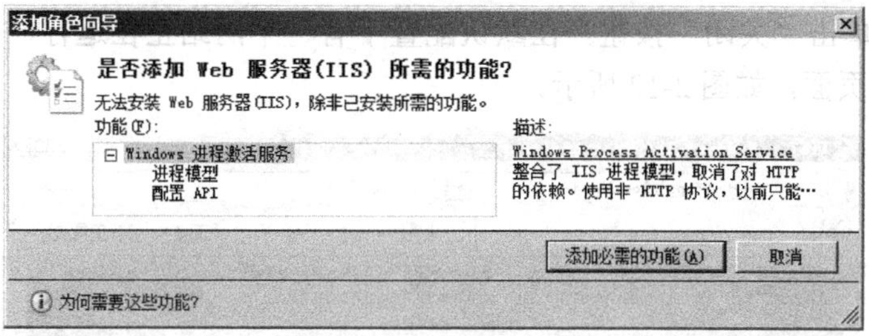

图 2-9 添加 Web 功能

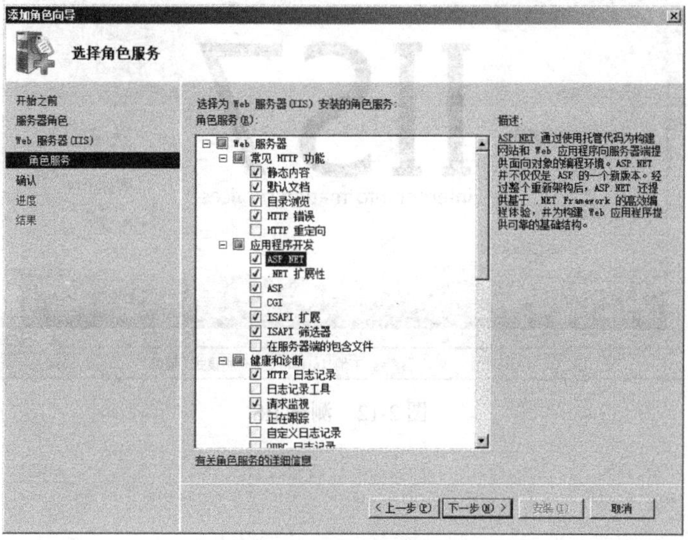

图 2-10 选择角色服务

步骤 8. 确认选择安装的角色，单击“安装”按钮。

步骤 9. 系统开始安装所选的角色服务。

步骤 10. 安装成功后弹出“安装结果”对话框，如图 2-11 所示。

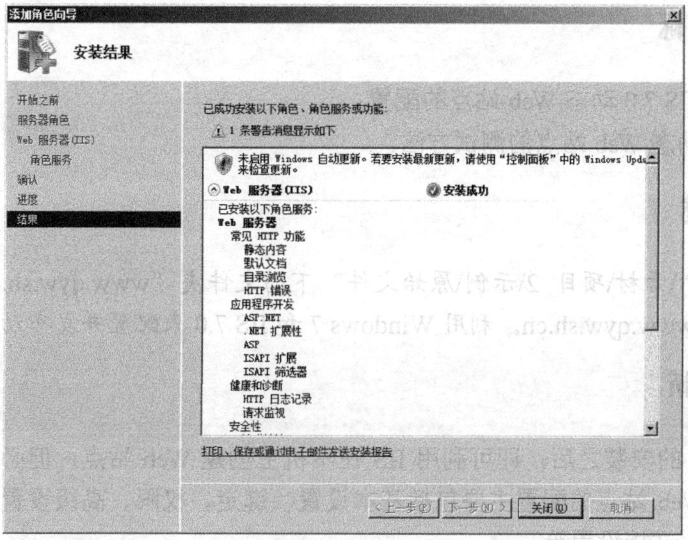

图 2-11 IIS 的安装结果

步骤 11． 单击“关闭”按钮。在默认配置下有一个网站正在运行，在浏览器中可以浏览 IIS 的默认页面，如图 2-12 所示。

图 2-12　测试 IIS

试一试

尝试在 Windows 7 操作系统中安装 IIS 服务。

任务 2　动态 Web 站点的配置

任务目标

（1）掌握 IIS 7.0 动态 Web 站点的配置；

（2）掌握动态 Web 站点的测试方法。

任务描述

将素材中“\素材\项目 2\示例\原始文件”下的文件夹“www.qyw.sh.cn”复制到本地硬盘中，如 E:\www.qyw.sh.cn。利用 Windows 7 和 IIS 7.0 来配置并发布动态 Web 站点。

任务分析

完成了 IIS 的安装之后，即可利用 IIS 在本机上创建 Web 站点，但必须进行配置，才能正常运行。Web 站点的配置主要包括基本设置、绑定、权限、高级设置、应用程序池设置、ASP 设置、文档设置等。

操作步骤

步骤 1. 打开“控制面板”窗口，双击“管理工具”选项，如图 2-13 所示，打开“管理工具”窗口。

图 2-13 “控制面板”窗口

步骤 2. 在“管理工具”窗口中，双击“Internet 信息服务（IIS）管理器”选项，如图 2-14 所示，打开“Internet 信息服务（IIS）管理器”窗口。

图 2-14 “管理工具”窗口

步骤 3. 在打开的“Internet 信息服务（IIS）管理器”窗口的左侧，将本地计算机节点展开，如图 2-15 所示。

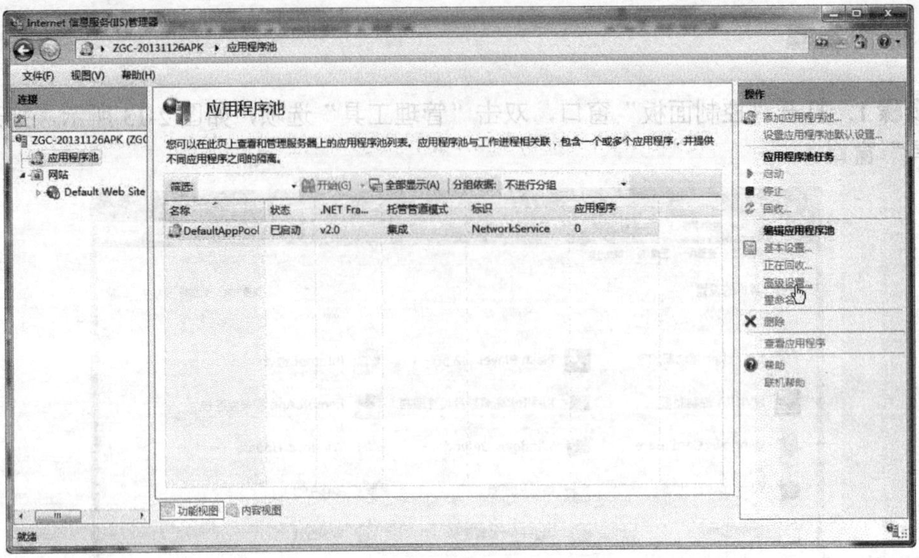

图 2-15 “Internet 信息服务（IIS）管理器”窗口

步骤 4. 在该窗口左侧选中“应用程序池”节点，在窗口右侧单击“高级设置”超链接，如图 2-16 所示。

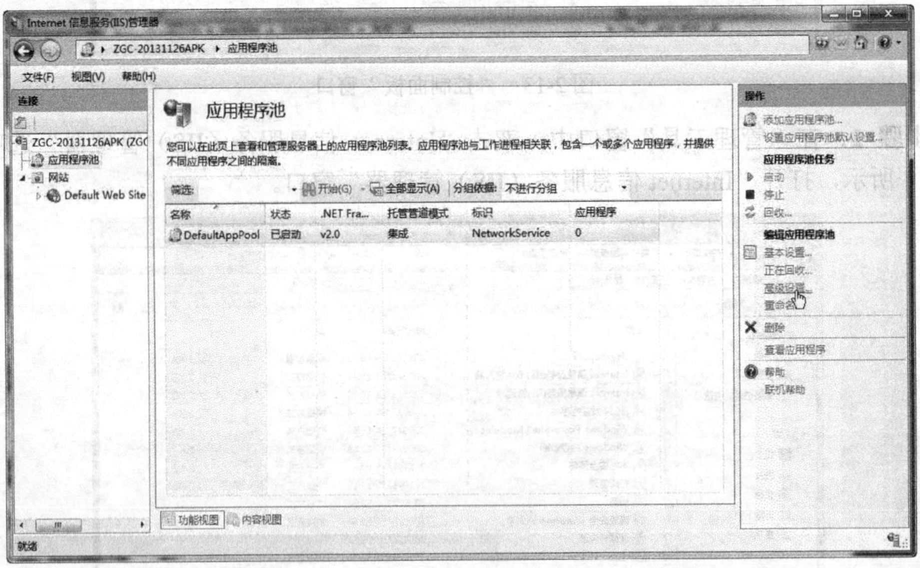

图 2-16 应用程序池的设置

步骤 5. 弹出“高级设置”对话框，在“常规”中将“启用 32 位应用程序”设置为“True”，如图 2-17 所示；在“进程模型”中将“标识”设置为“NetworkService”，如图 2-18 所示。

步骤 6. 在“Internet 信息服务（IIS）管理器”窗口的左侧选中“Default Web Site”（即默认站点）节点，然后单击窗口右侧的“基本设置”超链接，如图 2-19 所示。

步骤 7. 在弹出的“编辑网站”对话框中，输入网站的名称，设置网站的物理路径，单击“连接为”按钮，如图 2-20 所示。当然，也可以使用默认的名称。

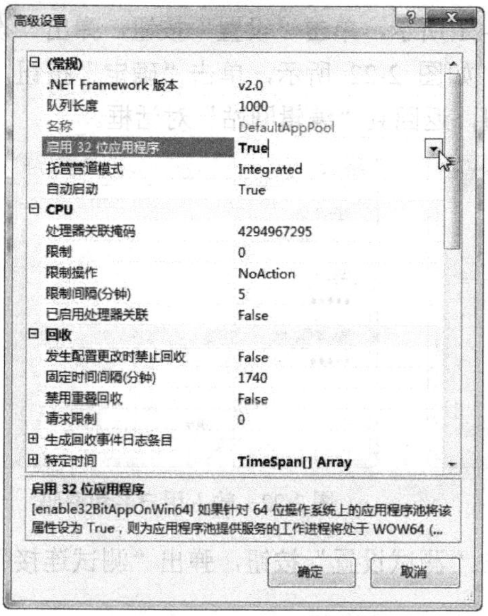

图 2-17 启用 32 位应用程序

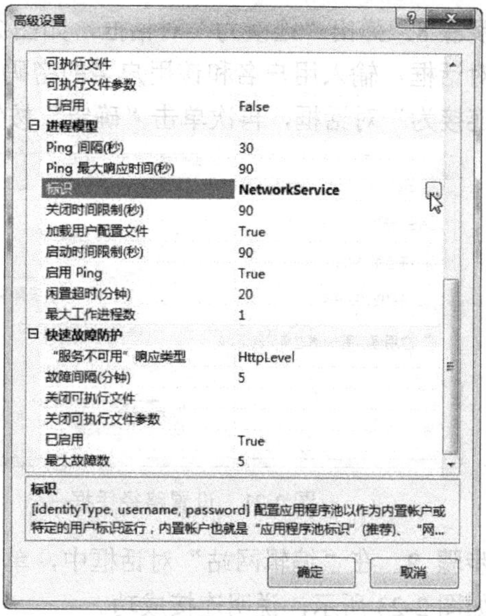

图 2-18 设置标识

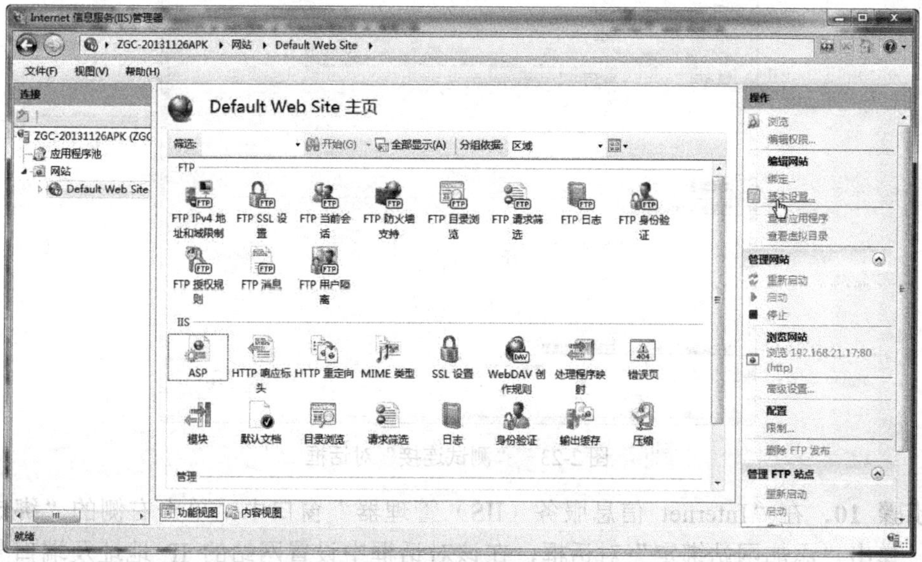

图 2-19 网站基本设置

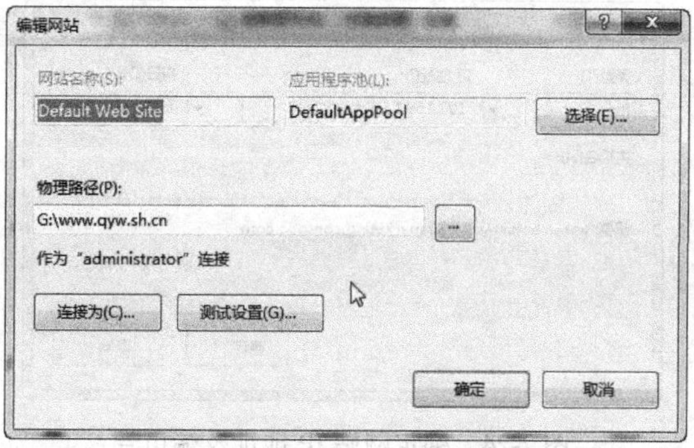

图 2-20 网站的基本设置

步骤 8. 弹出“连接为”对话框，如图 2-21 所示，单击“设置”按钮，弹出“设置凭据”对话框，输入用户名和该用户名的密码，如图 2-22 所示，单击“确定”按钮，返回到“连接为”对话框，再次单击“确定”按钮，返回到“编辑网站”对话框。

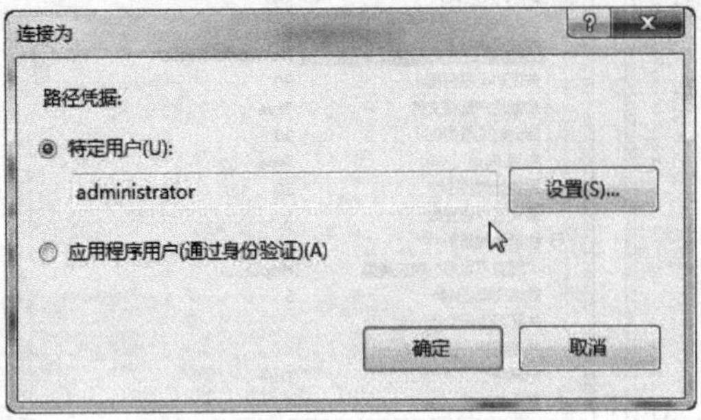

图 2-21　设置路径凭据

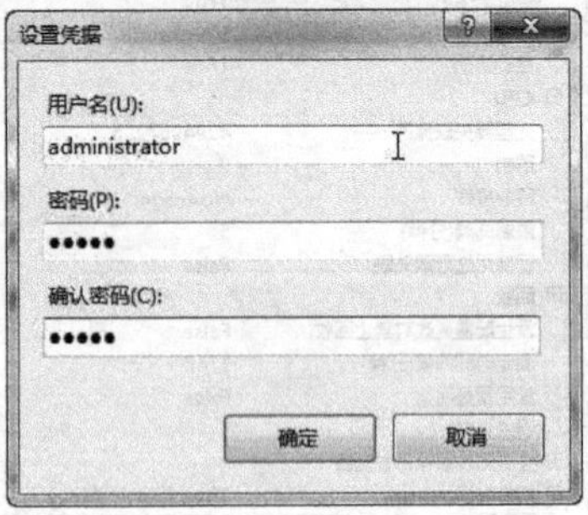

图 2-22　输入用户名和密码

步骤 9. 在“编辑网站”对话框中，单击“测试设置”按钮，弹出“测试连接”对话框，如图 2-23 所示，说明连接成功。

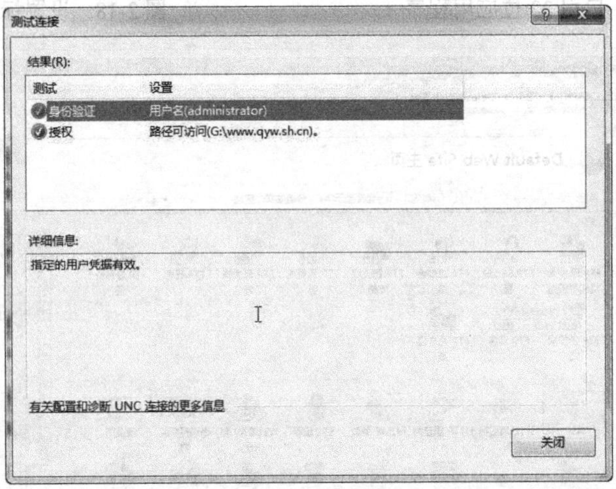

图 2-23　“测试连接”对话框

步骤 10. 在“Internet 信息服务（IIS）管理器”窗口中，单击右侧的“绑定”超链接，弹出“添加网站绑定”对话框，在该对话框中设置网站的 IP 地址及端口号，如图 2-24 所示，单击“确定”按钮。如果需要也可以设置主机名。

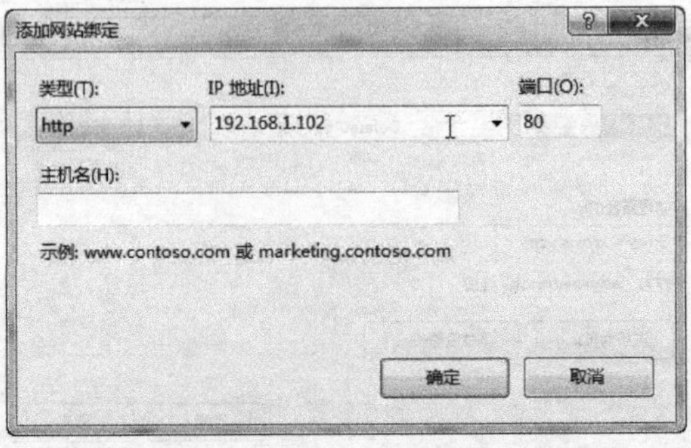

图 2-24　绑定网站 IP 地址及端口号

步骤 11．在“Internet 信息服务（IIS）管理器”窗口的左侧选中“Default Web Site”节点，单击窗口右侧的“高级设置”超链接，弹出“高级设置”对话框，如图 2-25 所示，完成设置后单击“确定”按钮。

步骤 12．在“Internet 信息服务（IIS）管理器”窗口的左侧选中“Default Web Site”节点，单击窗口右侧的“编辑权限”超链接，弹出文件夹属性对话框，如图 2-26 所示。在该对话框中选择“安全”选项卡，单击“编辑”按钮，弹出权限设置对话框，在该对话框中添加用户及设置用户相应的权限，如图 2-27 所示。注意一定要添加 Everyone 用户并设置足够的权限。

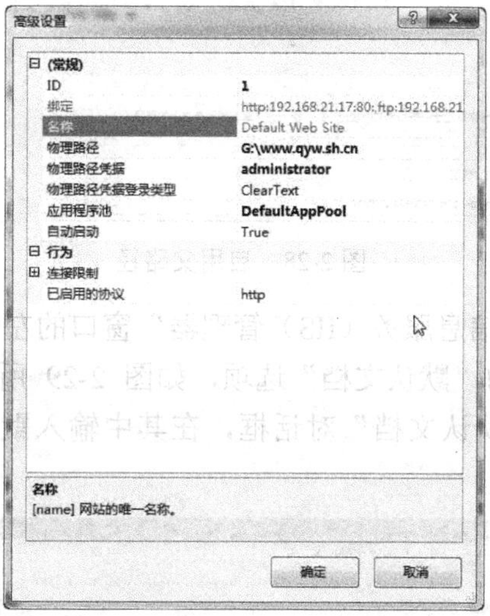

图 2-25　网站的高级设置

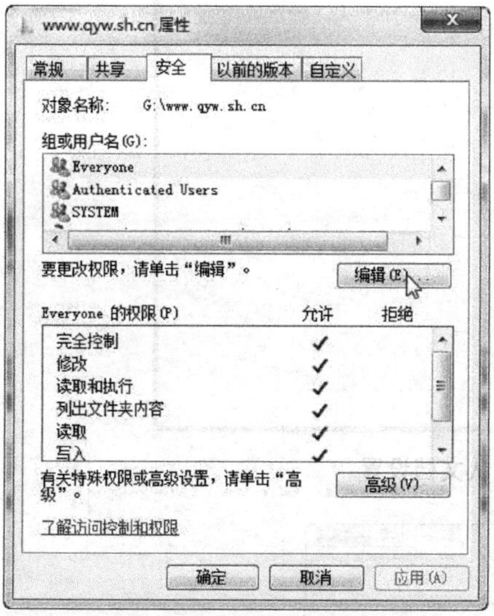

图 2-26　属性设置

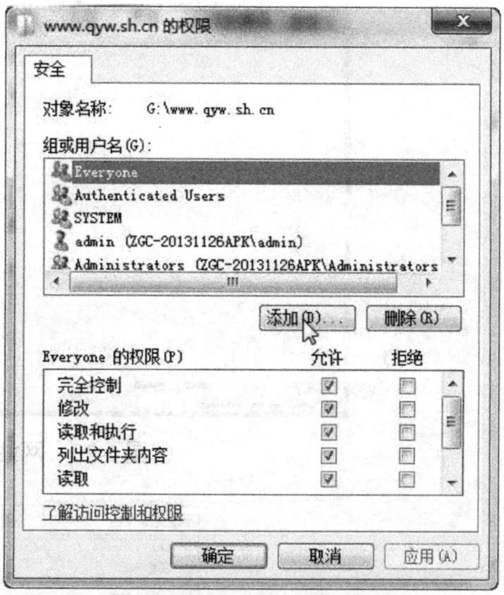

图 2-27　添加用户及权限设置

步骤 13．在“Internet 信息服务（IIS）管理器”窗口的左侧选中“Default Web Site”节点，双击窗口中间栏中的“ASP”选项，在“行为”中设置“启用父路径”为“True”，如图 2-28 所示。

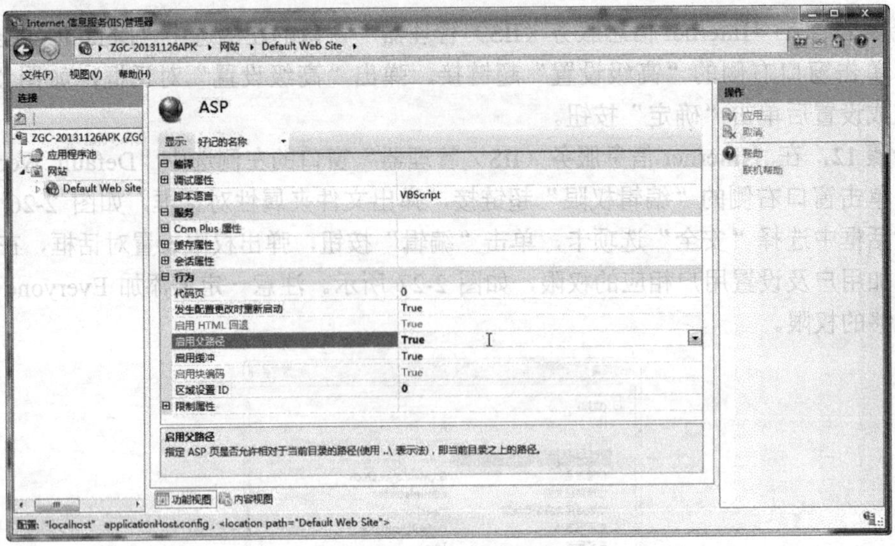

图 2-28　启用父路径

步骤 14. 在“Internet 信息服务（IIS）管理器”窗口的左侧选中“Default Web Site”节点，双击窗口中间栏中的“默认文档”选项，如图 2-29 所示。在窗口的右侧单击“添加”超链接，弹出“添加默认文档”对话框，在其中输入默认文档名称，如图 2-30 所示，单击“确定”按钮。

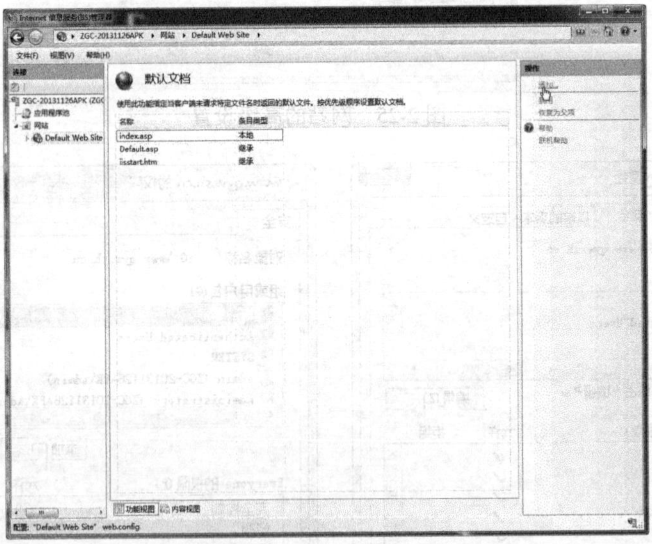

图 2-29　网站默认文档设置

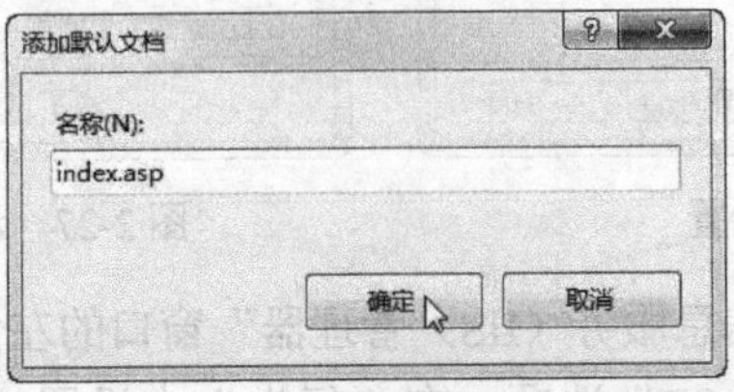

图 2-30　输入网站默认文档

步骤 15．在“Internet 信息服务（IIS）管理器”窗口的左侧选中“Default Web Site”节点，双击窗口中间栏中的“目录浏览”选项，完成设置后，单击窗口右侧的“应用”超链接，如图 2-31 所示。

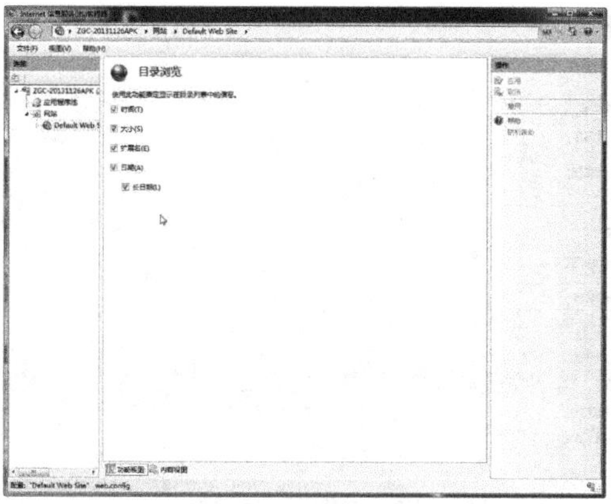

图 2-31 设置网站目录浏览

步骤 16．在“Internet 信息服务（IIS）管理器”窗口的左侧选中“Default Web Site”节点，单击窗口右侧的“添加 FTP 发布”超链接，如图 2-32 所示。

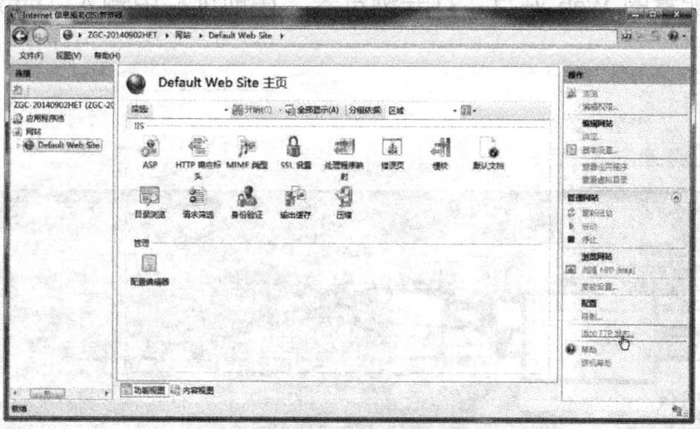

图 2-32 添加 FTP 发布

步骤 17．在弹出的“添加 FTP 站点发布”对话框中，设置 IP 地址及端口号，如图 2-33 所示，单击“下一步”按钮。

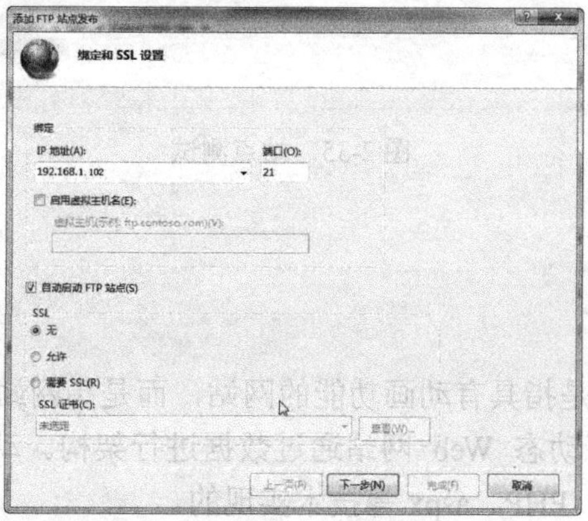

图 2-33 FTP 站点设置

步骤 18. 在弹出的"身份验证和授权信息"对话框中，设置身份验证及权限，单击"完成"按钮，如图 2-34 所示。

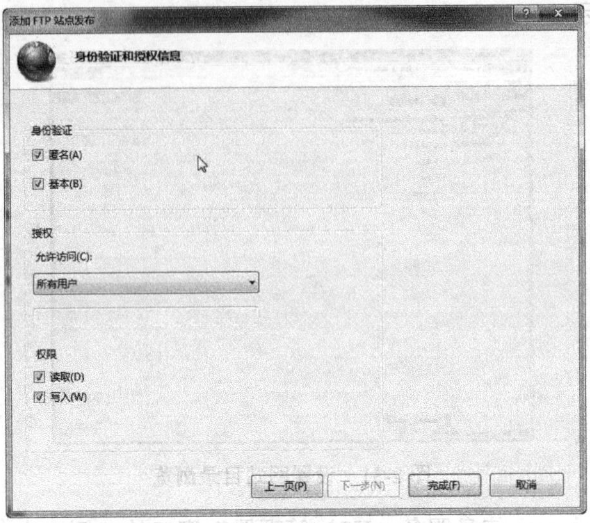

图 2-34　FTP 站点权限设置

步骤 19. 测试配置的 Web 站点。打开浏览器，在地址栏中输入"http://192.168.0.2"，效果如图 2-35 所示。

图 2-35　站点测试

知识链接

1. 动态 Web 站点

动态 Web 站点并不是指具有动画功能的网站，而是指网站内容可根据不同情况动态变化的网站，一般情况下动态 Web 网站通过数据进行架构。动态 Web 网站体现在网页上，一般是以 ASP、JSP、PHP、aspx 等技术实现的。

2. 动态 Web 的工作原理

Web 采用 B/S 模式，它是由分布在 Internet 上的成千上万的 Web 服务器和 Web 浏览器构成的。浏览器是用户为查阅 Web 上的信息而在本机上运行的一个程序，是用户通向 Web 的窗口。Web 服务器存储和管理超文本文档和超文本链接，并响应 Web 浏览器的连接请求。服务器负责向浏览器提供所需要的服务。Web 上的信息主要是超文本信息，并以网页的方式组织信息。Web 采用了 HTTP（超文本传输协议）。

3. 动态 Web 特点

（1）Web 是图形化的和易于导航的。

（2）Web 与平台无关。

（3）Web 是分布式的。

（4）Web 是动态的。

（5）Web 是交互的。

4. 首页

当用户没有指定网页文件名时，网站默认显示的网页即为主页。首页文件名通常为 index.htm、index.html 和 default.htm。

拓展与提高

在 Windows Server 2008 中发布网站的步骤如下。

步骤 1. IIS 安装完成后，选择“开始”→“程序”→“管理工具”→“服务器管理器”命令，打开“服务器管理器”窗口，如图 2-36 所示。

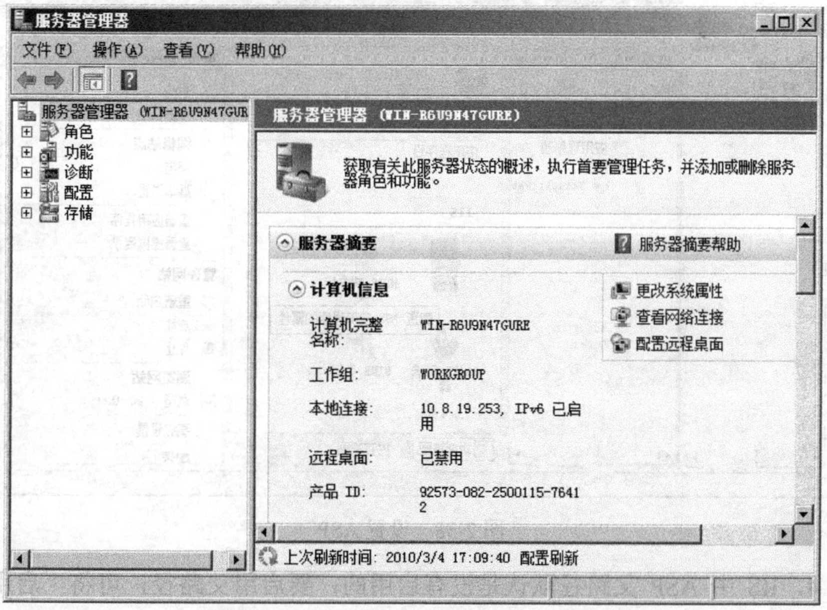

图 2-36 “服务器管理器”窗口

步骤 2. 在“服务器管理器”窗口中，展开左侧的“角色”→“Web 服务器（IIS）”→“Internet 信息服务（IIS）管理器”节点，如图 2-37 所示。

图 2-37　展开节点

步骤 3. 在“服务器管理器”窗口中，选中“Default Web Site”节点，双击“ASP”图标，如图 2-38 所示。

图 2-38　设置 ASP

步骤 4. IIS 中 ASP 父路径默认是没有启用的，要启用父路径，可将“启用父路径”设置为“True”，如图 2-39 所示。

步骤 5. 返回“Default Web Site”节点，单击右侧的“高级设置”超链接，弹出“高级设置”对话框，可以设置网站的“物理路径”，即网站存放的目录，如图 2-40 所示。

步骤 6．返回“Default Web Site”节点，单击右侧的“绑定”超链接，弹出“网站绑定”对话框，设置网站的端口，默认端口号为 80，单击“编辑”按钮，将端口“80”改为“8081”，如图 2-41 所示。

图 2-39　启用父路径

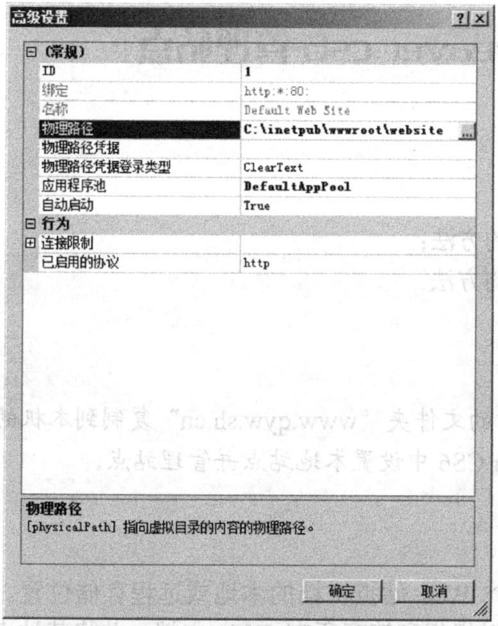

图 2-40　设置网站物理路径

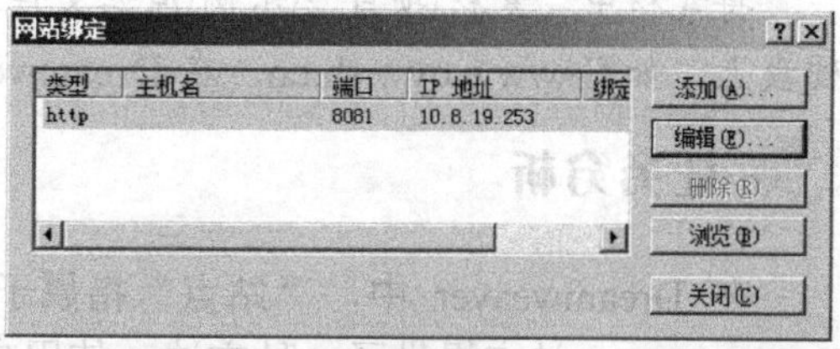

图 2-41　“网站绑定”对话框

步骤 7．双击“默认文档”中的“添加”超链接，弹出“添加默认文档”对话框，可以添加网站的默认被访问的页面，如图 2-42 所示，完成网站的创建。

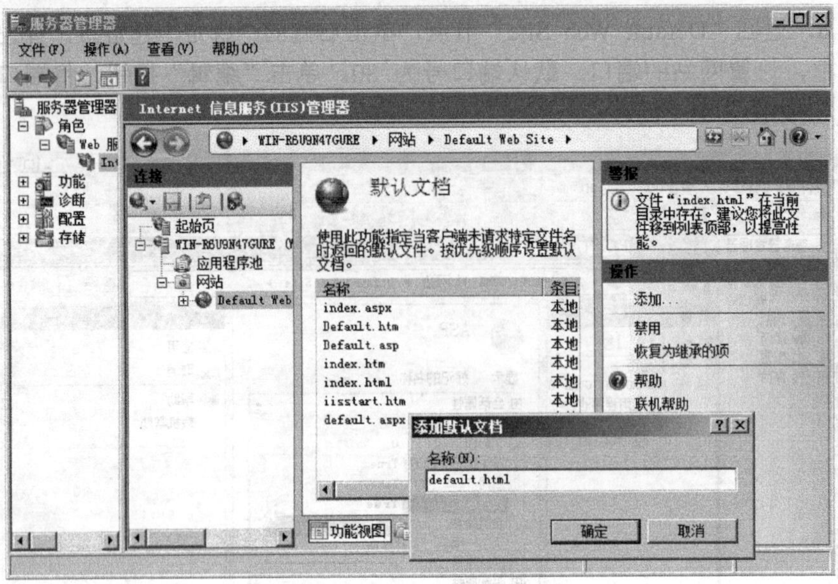

图 2-42 添加网站的默认文档

试一试

将素材中“素材\项目 2\试一试\原始文档”中的文件夹“www.qyw.sh.cn”复制到本机的硬盘上，如 E:\www.qyw.sh.cn。创建并配置一个 Web 站点，使用浏览器测试。

任务 3 使用 Dreamweaver CS6 管理站点

任务目标

（1）掌握使用 Dreamweaver CS6 建立站点的方法；

（2）掌握使用 Dreamweaver CS6 管理站点的方法。

任务描述

将素材中“素材\项目 2\示例\原始文件”中的文件夹“www.qyw.sh.cn”复制到本机的硬盘上，如 E:\www.qyw.sh.cn。在 Dreamweaver CS6 中设置本地站点并管理站点。

任务分析

在 Dreamweaver 中，“站点”指属于某个 Web 站点文档的本地或远程存储位置。Dreamweaver 站点提供了一种方法，使用户可以组织和管理所有 Web 文档，并将其站点上传到 Web 服务器，跟踪和维护用户的链接，以及管理和共享文件。在制作网页之前通常应定义一个站点以充分利用 Dreamweaver 的功能。本任务学习如何使用 Dreamweaver CS6 建立和管理站点。

Dreamweaver CS6 为用户提供了方便的站点管理向导。在 Dreamweaver 中，站点分为“本地站点”和“远程站点”，由于本书中网页均在本地测试，所以仅设置本地站点。

操作步骤

在 Dreamweaver CS6 中创建站点的步骤如下。

步骤 1．打开 Dreamweaver CS6 窗口，选择“站点”→“新建站点”命令，如图 2-43 所示。

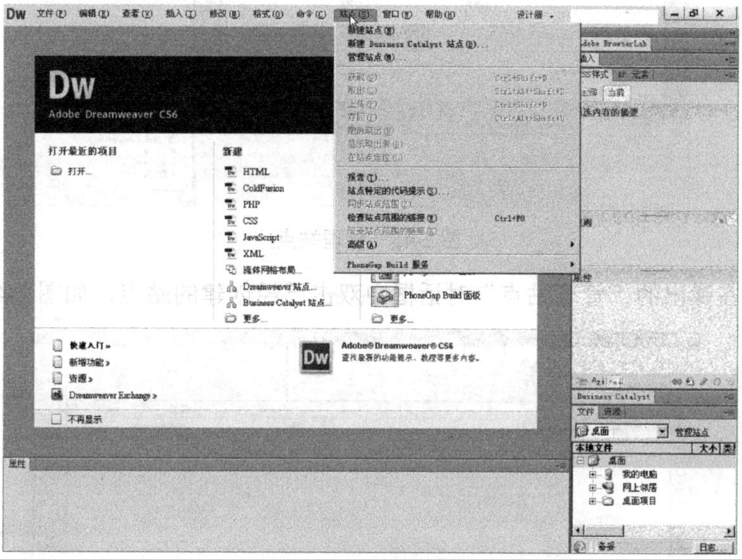

图 2-43　新建站点

步骤 2．弹出站点设置对象对话框，输入企业网站的站点名称和文件夹位置，如图 2-44 所示，单击“保存”按钮，完成站点的创建。

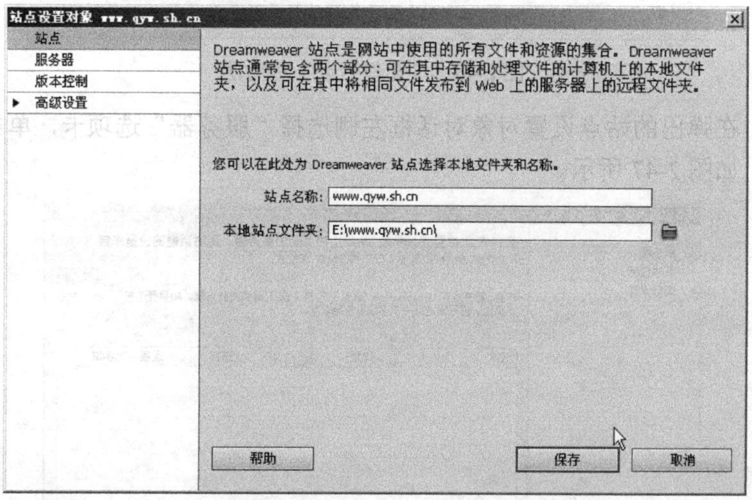

图 2-44　站点基本设置

步骤 3．在 Dreamweaver CS6 窗口中选择“站点”→“管理站点”命令，如图 2-45 所示。

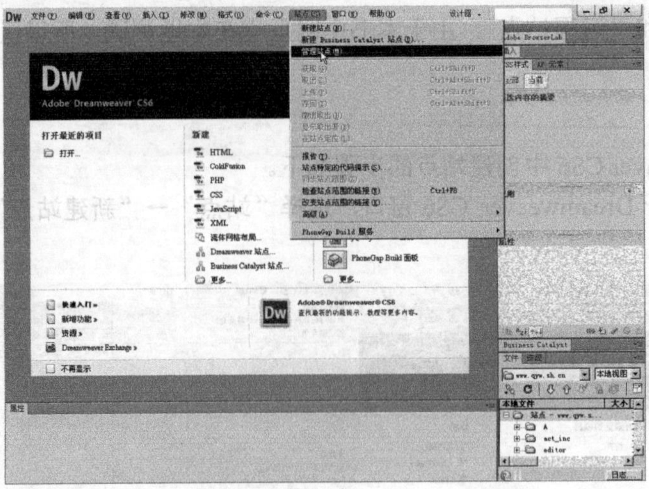

图 2-45　管理站点

步骤 4. 在弹出的“管理站点”对话框中双击已经创建的站点，如图 2-46 所示。

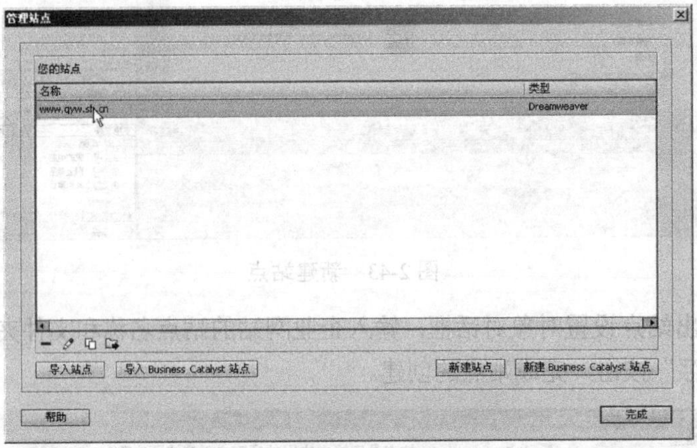

图 2-46　“管理站点”对话框

步骤 5. 在弹出的站点设置对象对话框左侧选择“服务器”选项卡，单击“添加新服务器”按钮，如图 2-47 所示。

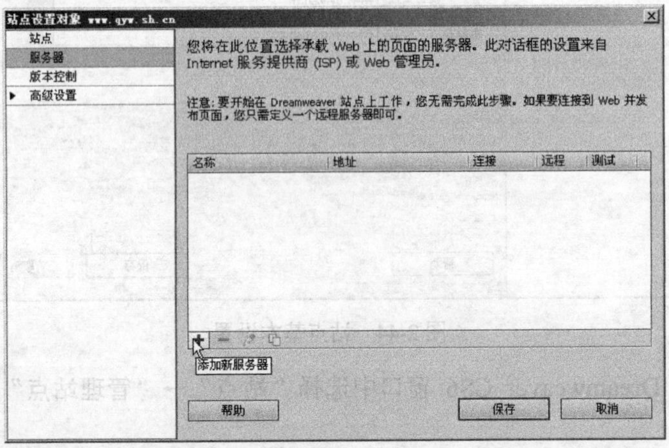

图 2-47　修改站点服务器的设置

步骤 6. 在弹出的对话框内输入服务器名称、FTP 地址、用户名和密码，如图 2-48 所示，单击“测试”按钮，弹出如图 2-49 所示的提示对话框，单击“确定”按钮，返回图 2-48 所示对话框，单击“保存”按钮（服务公司将提供域名、站点存放的目录名、用户账号和登录时用到的密码）。

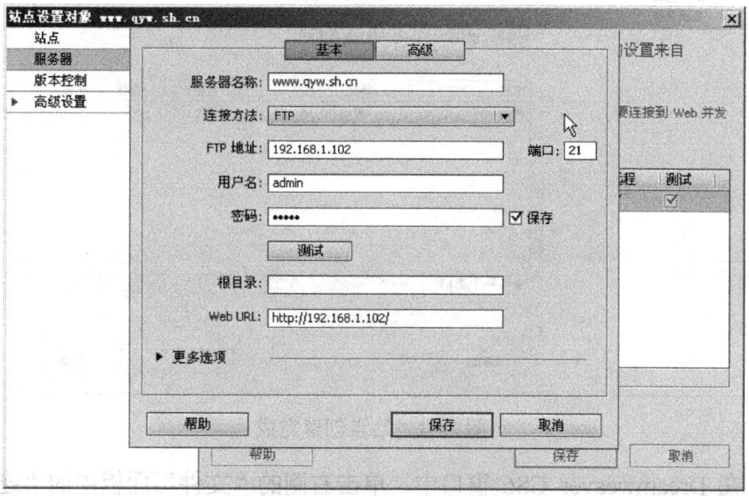

图 2-48　设置站点服务器

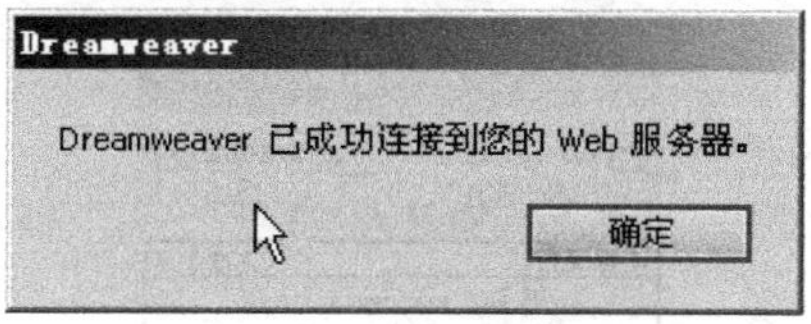

图 2-49　服务器连接测试

步骤 7. 在图 2-48 所示对话框中选择“高级”选项卡，如图 2-50 所示，将“服务器模型”设置为“ASP VBScript”。当然，服务器模型可以根据自己熟悉的知识来做出相应的选择。

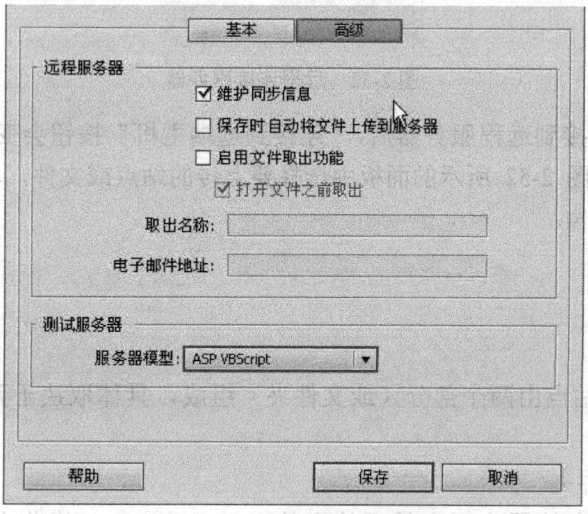

图 2-50　服务器高级设置

步骤 8. 在站点设置对象对话框中，选中“远程”和“测试”复选框，单击“保存”按钮，完成站点的创建，如图 2-51 所示。

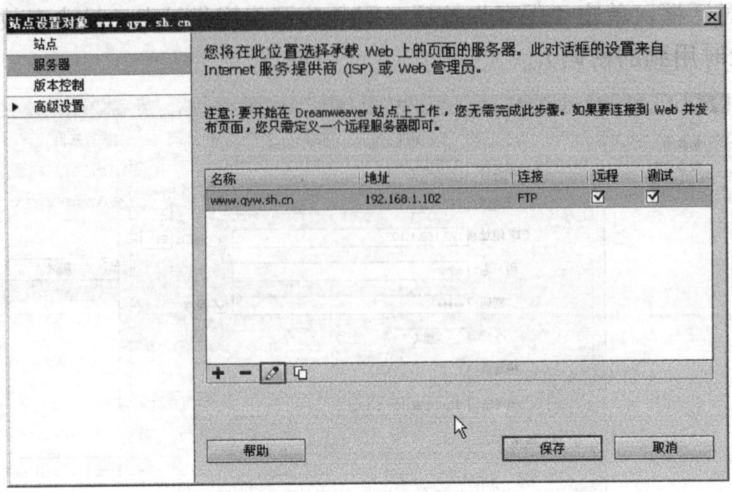

图 2-51　站点创建完成

步骤 9. 在 Dreamweaver CS6 窗口中，单击右侧的“文件”面板中的“连接到远程服务器”按钮，建立 Drcamweaver CS6 到远程 Web 站点的连接，远程更新管理站点，如图 2-52 所示。

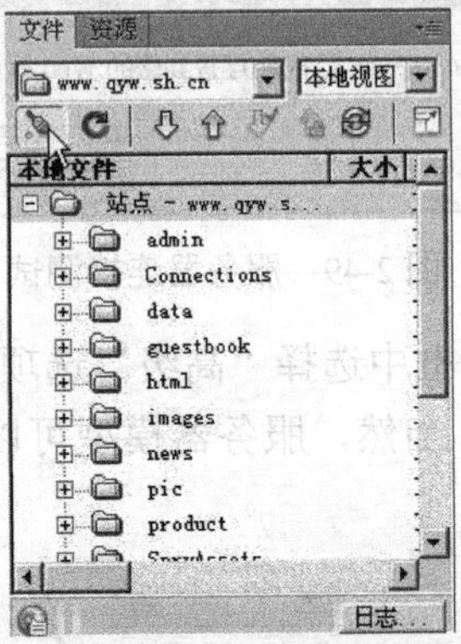

图 2-52　远程连接服务器

步骤 10. 当连接到远程服务器后，“连接到远端主机”按钮会变为状态（左侧有一个小绿灯），在如图 2-52 所示的面板中选择要上传的站点或文件，单击“文件上传”按钮，完成文件上传。

知识链接

1. 站点的概念

Dreamweaver 站点由两个部分（或文件夹）组成，具体取决于开发环境和所开发的 Web 站点类型。

（1）本地根文件夹

本地根文件夹存储用户正在处理的文件。Dreamweaver 将此文件夹称为“本地站点”。此文件夹可以位于本地计算机，也可以位于网络服务器。如果直接在服务器上工作，则每次保存文件时 Dreamweaver 都会将文件上传到服务器。

（2）远程文件夹

远程文件夹存储用于测试、生产和协作等用途的文件。Dreamweaver 在“文件”面板中将此文件夹称为“远程站点”。远程文件夹通常位于运行 Web 服务器的计算机上。

本地文件夹和远程文件夹使用户能够在本地硬盘和 Web 服务器之间传输文件，这使用户可以轻松管理 Dreamweaver 站点中的文件。

2. FTP 服务器

FTP 服务器用来在网络上进行文件上传下载，主要用于在计算机之间实现文件的上传与下载，其中一台计算机作为 FTP 客户端，另一台作为 FTP 服务器，传输协议为 FTP（File Transfer Protocol，文件传输协议），是因特网上使用最广泛的文件传输协议。

试一试

将素材中“素材\项目 2\试一试\原始文档”中的文件夹“www.qyw.sh.cn”复制到本机的硬盘上，如 E:\www.qyw.sh.cn，使用 Dreamweaver CS6 来创建并管理站点。

总结与回顾

本项目学习了使用 ASP 开发企业网站时必须要掌握的基础知识，即在微软操作系统下网站的开发和运行环境的安装与配置，创建和发布站点，以及 Dreamweaver CS6 对站点的管理等，对网站的工作原理有了一个大致的了解，为学习网页制作打下基础。

实训 创建一个小型站点

任务描述

将素材中 “\素材\项目 2\实训\原始文件”中的文件夹“qy”复制到本机的硬盘上，运用从项目 2 中所学的知识，在 Windows 7 操作系统中将其发布为一个站点，并使用 Dreamweaver CS6 对其进行管理。

任务分析

创建一个小型站点需要以下 3 个步骤。

（1）安装 IIS。

（2）创建并发布站点。

（3）在 Dreamweaver CS6 中创建并管理站点。

习题2

1．选择题

（1）FTP 是（　　）。

A．超文本传输协议　　B．文件传输协议

C．邮件传输协议　　D．网络管理协议

（2）Windows 7 中使用的 IIS 版本是（　　）。

A．5.1　　B．6.0　　C．7.0　　D．5.0

（3）IIS 包含在 Windows 的（　　）组件中。

A．网络服务　　B．应用程序服务器　　C．证书服务　　D．远程存储

（4）配置 Web 站点时，站点的默认 TCP 端口是（　　）。

A．21　　B．23　　C．80　　D．53

（5）如果在创建动态站点时，没有设置站点 IP 地址，则要测试站点配置成功，应该在 IE 浏览器的地址栏中输入（　　）。

A．192.168.1.1　　B．127.0.0.1　　C．172.16.1.1　　D．任何 IP 地址

2．填空题

（1）FTP 服务器是用来在网络上进行文件________的服务器。

（2）IIS 的中文含义是________。它是一种________服务组件。

（3）Windows Server 2003 中安装 IIS 组件必须先安装________浏览器。

（4）在创建 Web 站点时，为了能更新站点中的文档，应该给站点分配________权限。

（5）站点属性对话框中的________选项卡中可以设置站点的默认首页。

3．简答题

（1）IIS 中有哪些功能？

（2）动态 Web 站点有哪些特点？

项目 3 数据库的创建与连接

ASP（Active Server Page，动态服务器网页）是微软公司于 1996 年推出的一种 Web 应用开发技术，它是微软公司开发的代替 CGI 脚本程序的一种应用，利用它可以与数据库和其他程序进行交互，是一种简单、方便的编程工具。ASP 是一种服务器端脚本编写环境，可以用来创建和运行动态网页或 Web 应用程序，而且 ASP 程序的编制比 HTML 更方便且更有灵活性。它在 Web 服务器端运行，运行后再将运行结果以 HTML 格式传送到客户端的浏览器中，其主要功能是把 HTML、组件、脚本语言及 Web 数据库访问功能有机地结合在一起。利用 ASP 可以向网页中添加交互式内容（如在线表单），也可以创建使用 HTML 的网页作为用户界面的 Web 应用程序。在一般中小型企业网站和信息服务网站中，大多采用 ASP。通过本项目的学习可以使用户对网页中如何运用数据库做必要的知识准备。

项目目标

（1）了解 ASP 的基本知识；
（2）了解 VBScript 的基本知识；
（3）掌握 ODBC 数据源创建与连接的方法；
（4）掌握 Dreamweaver 建立数据库连接的方法。

项目描述

本项目将通过 3 个任务来简单了解 ASP、VBScript 的基本知识；掌握如何在 Dreamweaver 开发环境中建立与 Access 数据库的连接，以及如何运用该连接把数据库中表的记录读取出来并实现分页显示效果。

任务 1 了解 ASP

任务目标

（1）掌握服务器端脚本的使用；
（2）掌握动态网页与静态网页的区别；
（3）了解 ASP 和 VBScript 的基本知识。

任务描述

网站通常由一系列的网页构成，网页是构成网站的基本元素。本任务通过创建一个简单的动态网页，初步认识 ASP 及 VBScript，了解动态网页开发的实质。

任务分析

本任务通过编写一个动态网页，使用户学会如何创建一个动态网页。

操作步骤

步骤 1. 建立动态网页。

（1）创建站点。

（2）打开 Dreamweaver，选择“文件”→“新建”命令，弹出“新建文档”对话框，如图 3-1 所示。

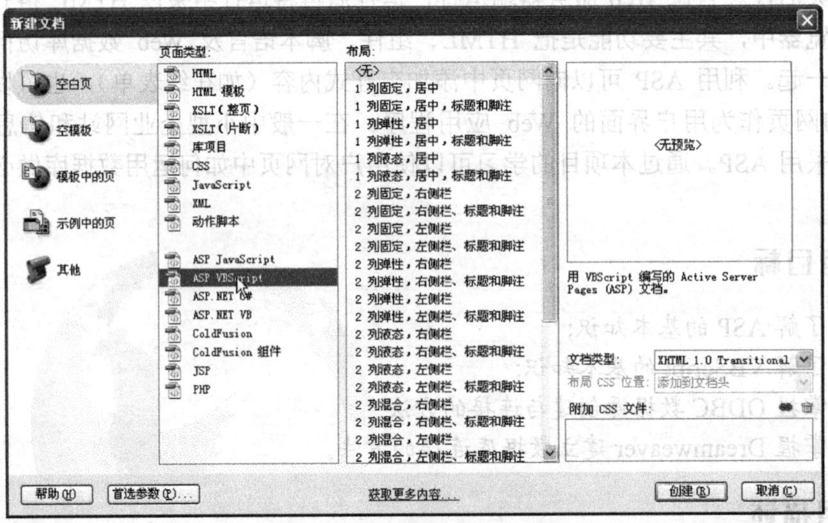

图 3-1 “新建文档”对话框

（3）在“页面类型”中选择“ASP VBScript”选项，并单击“创建”按钮，在打开的网页中输入以下内容，如图 3-2 所示。

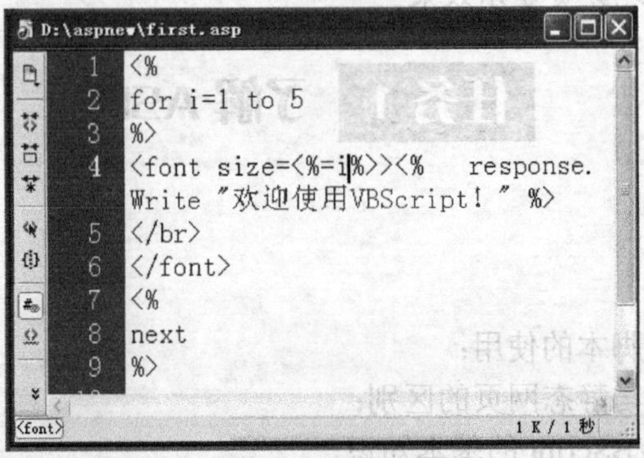

图 3-2 建立动态网页

（4）选择“文件”→“保存”命令，弹出“另存为”对话框，如图 3-3 所示，输入网页的名称“first”并保存在站点指定的目录中，单击“保存”按钮。

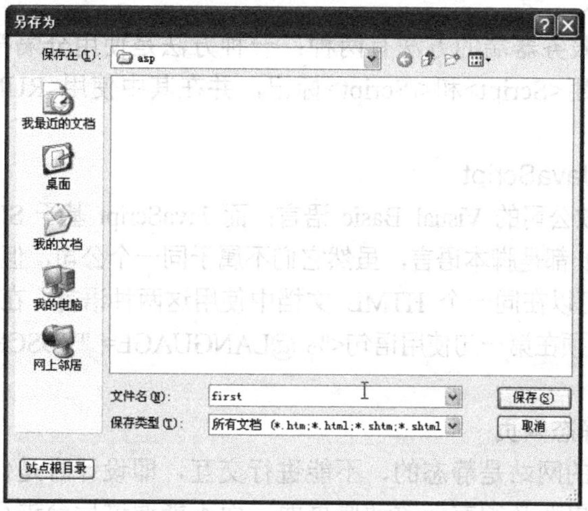

图 3-3　保存动态网页

步骤 2. 动态网页的运行。

（1）打开浏览器，在地址栏中输入正确的 URL 地址，会进入如图 3-4 所示的界面。

图 3-4　运行结果

（2）选择浏览器中的“查看”→“源文件”命令，可以得到当前浏览器中显示页面的 HTML 代码，如图 3-5 所示。

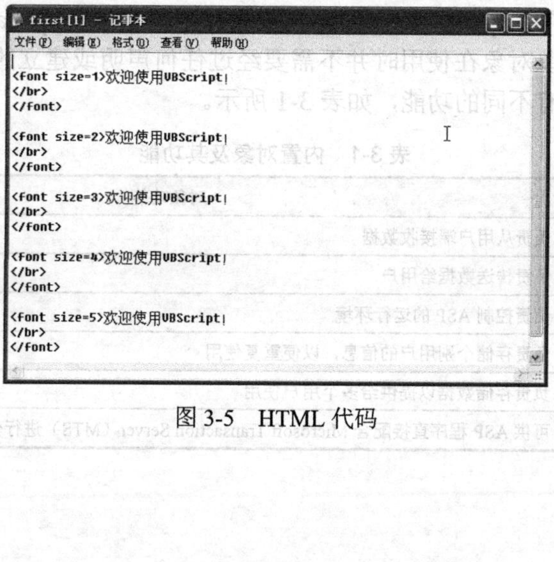

图 3-5　HTML 代码

知识链接

1．服务器端脚本

在 ASP 中编写服务器端的方法有两种：一种方法是使用分隔符<%和%>将脚本括起来；另一种方法是使用<Script>和</Script>标记，并在其中使用 RUNAT=Server 表示脚本在服务器端执行。

2．VBScript 和 JavaScript

VBScript 基于微软公司的 Visual Basic 语言；而 JavaScript 基于 SUN 公司的 Java 语言。VBScript 和 JavaScript 都是脚本语言，虽然它们不属于同一个公司，但是同为脚本语言，默认很多性能比较相似，可以在同一个 HTML 文档中使用这两种语言。在 ASP 中，默认语言是 VBScript。在网页中必须在第一句使用语句<% @LANGUAGE= "VBSCRIPT" %>设置脚本语言为 VBScript。

3．动态网页与静态网页

由静态网页组成的网站是静态的，不能进行交互，即设计时是什么样的，以后就是什么样的，没有后台，更新必须重新改动原页面，而不能通过后台进行修改，不能执行发布产品、新闻等交互性操作。

而动态网页组成的网站，会根据用户的不同需求而显示不同。目前，动态网页有很多，如 ASP、PHP、JSP 等。ASP 应用于 Windows 平台，它的服务器必须是 Windows；PHP 是应用于 UNIX 或 Linux 的动态网页技术；JSP 可应用于以上 3 种操作系统。

4．ASP 动态网页的执行过程

ASP 动态网页默认页面的扩展名是.asp，它的执行过程如下。

（1）用户在浏览器的地址栏中键入动态网页文件，并按 Enter 键触发此动态网页的请求。

（2）浏览器将此动态网页的请求发送给服务器。

（3）服务器端脚本开始运行 ASP。

（4）ASP 文件按照从上到下的顺序开始处理，并将执行结果生成相应的 HTML 文件（静态网页）。

（5）将 HTML 文件发送到浏览器。

（6）用户的浏览器解释这些 HTML 文件并将结果显示出来。

5．ASP 内置对象

在 ASP 中提供了 Request、Response、Server、Session、Application 和 ObjectContext 共 6 个内置对象。这些对象在使用时并不需要经过任何声明或建立的过程，对它们的操作非常方便，这些对象有不同的功能，如表 3-1 所示。

表 3-1　内置对象及其功能

对象名称	对象功能
Request 对象	负责从用户端接收数据
Response 对象	负责传送数据给用户
Server 对象	负责控制 ASP 的运行环境
Session 对象	负责存储个别用户的信息，以便重复使用
Application 对象	负责存储数据以提供给多个用户使用
ObjectContext 对象	可供 ASP 程序直接配合 Microsoft Transaction Server（MTS）进行分布式的事务处理

6. Response 对象

Response 对象用于动态响应客户端请求，并将动态生成的响应结果以 HTML 的格式输出到客户端浏览器中。它有如下两种使用形式。

（1）Response.write()方式

write 方法是 Response 对象最常用的方法，该方法可以向浏览器输出动态信息。

语法格式如下。

```
Response.write 任意类型数据
```

下面是输出字符串的动态网页程序，如图 3-6 所示。

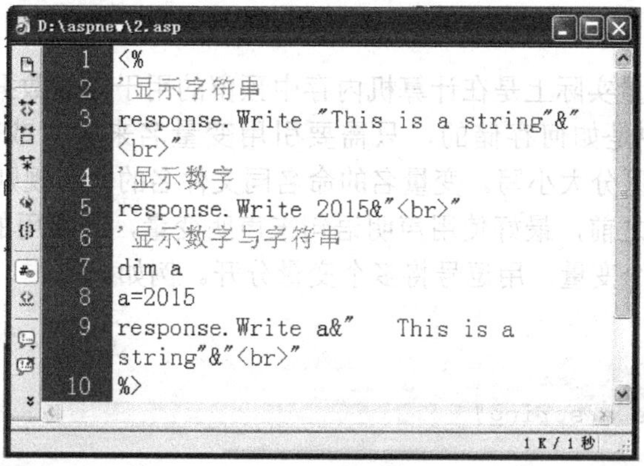

图 3-6 程序代码

动态网页的执行结果如图 3-7 所示。

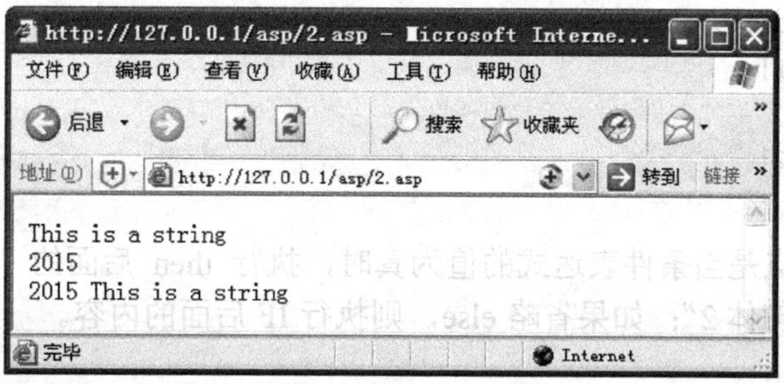

图 3-7 执行结果

（2）<%="输出内容"%>方式

这种方法使用<%="输出内容"%>输出，但等号后面的部分为需要输出的内容，当输出内容为数值或变量时，不需要使用双引号。

例如，把上述内容以<%="输出内容"%>方式输出，程序代码如图 3-8 所示。

```
<body>
<%= "this is a string" %>
<%= 2015&"this is a string" %>
dim a
a=2015
<%= a&"this is a string" %>
</body>
```

图 3-8 程序代码

提示：在 ASP 中，由于“%>”或“"”两个字符的特殊性，输出的数据中不能包括字符%>或"。如果需要输出这两个字符，则可用转义序列“%\>”或使用“""""”字符来代替。

7．注释

ASP 中注释可以用“REM”或“'”来标记，通常文件头注释出于美观选用“REM”，其他位置一般使用“'”。

拓展与提高

1．变量

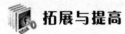

VBScript 中的变量实际上是在计算机内存中预留的用于存储数据的内存区。用户不需要知道变量在内存中是如何存储的，只需要引用变量名来查看或改变变量的值即可，VBScript 中的变量不区分大小写。变量名的命名同文件名的命名规则是一样的。

用户在使用变量之前，最好使用声明语句来声明变量，最常用的声明语句是 Dim 语句，可以同时声明多个变量，用逗号将多个变量分开。例如：

```
Dim i, str
i=1
str="This is a string"
```

2．选择结构

选择结构用来控制程序流程的条件转向和选择问题。最简单的是单条件选择结构，其格式如下。

```
IF  <条件表达式>  then
    [语句体1]
[else ]
    [语句体2]
End if
```

选择结构的特点是当条件表达式的值为真时，执行 then 后面的“语句体 1”，否则执行 else 后面的“语句体 2”；如果省略 else，则执行 IF 后面的内容。

3．循环结构

在编写脚本时，如果某段代码需要反复执行，则可以通过循环结构来实现。

当需要重复代码但不知道循环的次数时，可以使用 Do while 循环，其格式如下。

```
Do while <循环条件>
    循环体
    [Exit do]
Loop
```

这种循环的特点是先判断循环条件是否成立，若成立，则执行循环体的内容，再根据循环条件的值来决定是否执行循环体。

Exit do 语句可以立即终止循环的执行。

当需要重复的代码知道循环的次数时，可以使用 For 循环，其格式如下。

```
For 循环变量=初值  to 终值  [step 步长]
    循环体
    [Exit For]
Next  [循环变量]
```

这种循环的特点是先将循环变量设为初值，测试循环变量是否小于（当步长为正时）或大于（当步长为负时）终值，若是，则执行循环体，否则退出循环，执行 For 循环后面的语句。如果省略 step，则步长为 1。

Exit For 语句可以立即终止循环的执行。

试一试

使用 Dreamweaver CS6 打开“素材\项目 3\示例\ 01\ first.asp”文档，将其中的 For 循环改为 Do while 循环。

任务 2 ODBC 数据源创建与连接

任务目标

（1）掌握创建 ODBC 数据源的方法；

（2）掌握在 Dreamweaver 中建立数据库连接的操作方法；

（3）掌握利用代码建立与数据库的连接的方法。

任务描述

网站的所有数据都是存放在后台数据库中的，如何把数据库中的信息显示在网页中是很多用户关心的问题。现在通过一个实例就如何在 Dreamweaver 中把数据库的数据显示在网页中进行介绍。

任务分析

使数据库中的数据在网页中显示，先要创建数据库与站点、创建 ODBC 数据源的连接、建立数据库的连接、在网页中显示数据库中的记录 4 个步骤。ODBC 数据源是整个 ODBC 设计的一个重要组成部分，当 ODBC 驱动程序管理器及驱动程序连接到指定信息库后，每个 ODBC 数据源都被指定一个名称，即 DSN。在本机上安装好数据源后，即可在 Dreamweaver 中建立 DSN 数据连接，这样用户可以访问数据库中的信息。

操作步骤

步骤 1. 创建数据库与站点。

（1）打开 Access 2003，建立数据库“shqyw”，建立表“userinfo”，如图 3-9 所示，表 userinfo 的结构如表 3-2 所示，在表中输入一条记录。

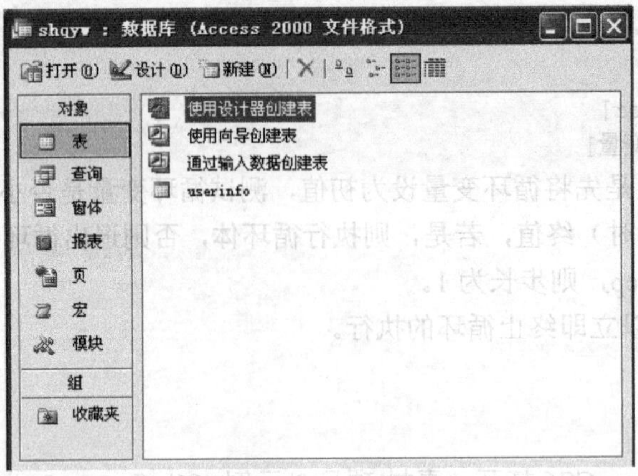

图 3-9 数据库

表 3-2 表结构

字段名称	数据类型	说　明
ID	自动编号	主键
user	文本	字段大小为 20
password	文本	字段大小为 20
Email	文本	字段大小为 20

（2）打开 Dreamweaver，建立站名为 asp 的站点。

步骤 2. 创建数据库连接。

（1）选择“控制面板”→“管理工具”→“数据源（ODBC）”→“系统 DNS”命令，弹出“ODBC 数据源管理器”对话框，如图 3-10 所示。

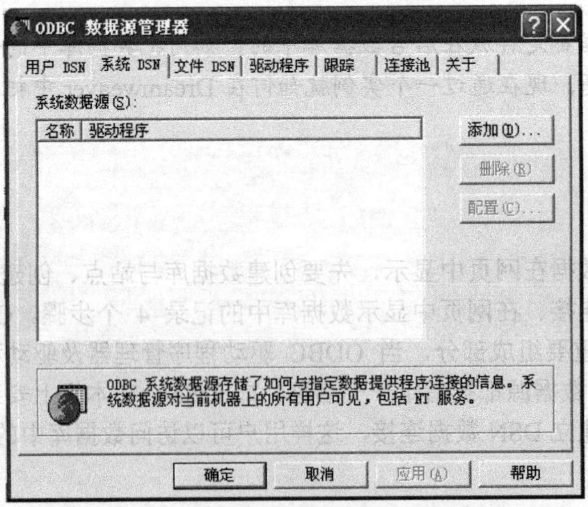

图 3-10 “ODBC 数据源管理器”对话框

（2）单击“添加”按钮，弹出“创建新数据源”对话框，在该对话框中选择“Driver do Microsoft Access(*.mdb)”选项，如图 3-11 所示。

图 3-11 “创建新数据源”对话框

（3）单击“完成”按钮，弹出“ODBC Microsoft Access 安装”对话框，在“数据源名”文本框中输入“conn”，如图 3-12 所示。

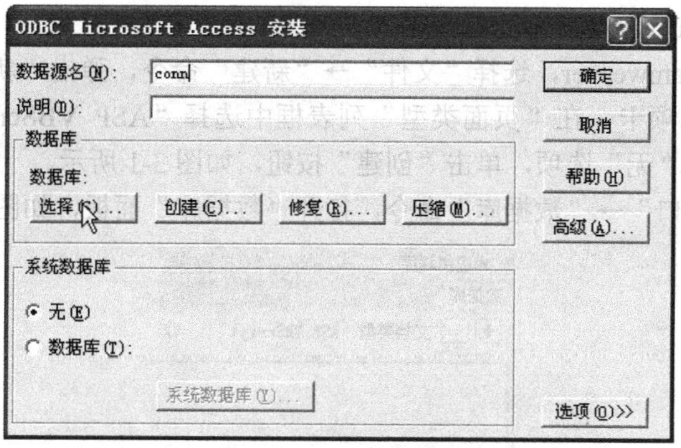

图 3-12 输入数据源的名称

（4）单击“选择”按钮，弹出“选择数据库”对话框，如图 3-13 所示。

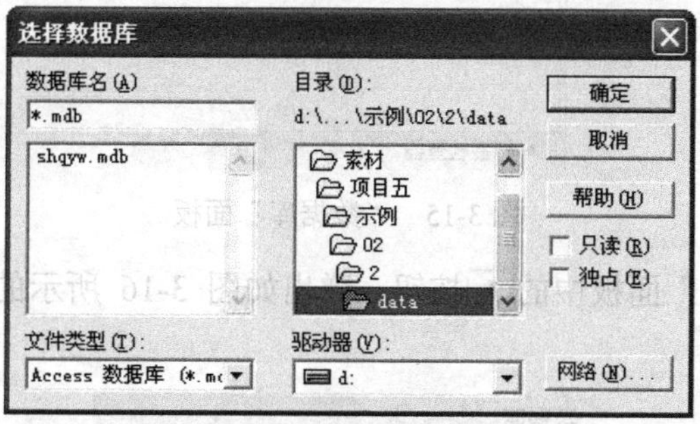

图 3-13 “选择数据库”对话框

（5）在“驱动器”下拉列表中选择数据库所在的盘符，在“目录”列表框中寻找数据库所在的文件夹，在“数据库名”中选择要使用的数据库“data.mdb”后，数据库名会自动添加。单击“确定”按钮，返回到“ODBC Microsoft Access 安装”对话框中，再次单击“确定”按钮，返回到“ODBC 数据源管理器”对话框，如图 3-14 所示。

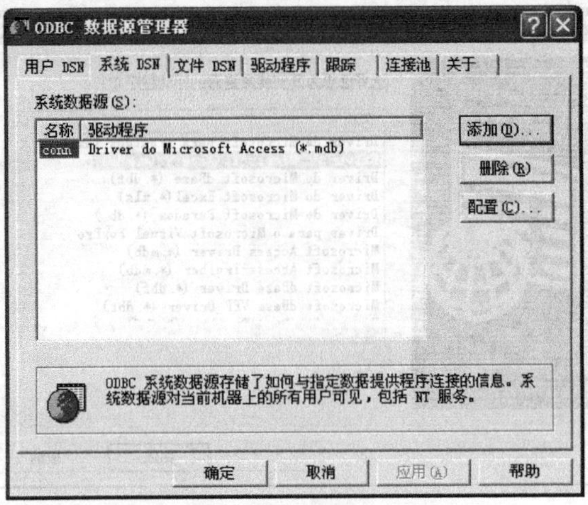

图 3-14　数据源已建立

（6）单击“确定”按钮，完成“ODBC 数据源管理器”对话框中“系统 DSN”的设置。

步骤 3. 使用 Dreamweaver 建立数据库的连接。

（1）启动 Dreamweaver，选择“文件”→“新建”命令，弹出“新建文档”对话框，选择“空白页”选项卡，在“页面类型”列表框中选择“ASP VBScript”选项，在“布局”列表框中选择“无”选项，单击“创建”按钮，如图 3-1 所示。

（2）选择“窗口”→“数据库”命令，打开“数据库”面板，如图 3-15 所示。

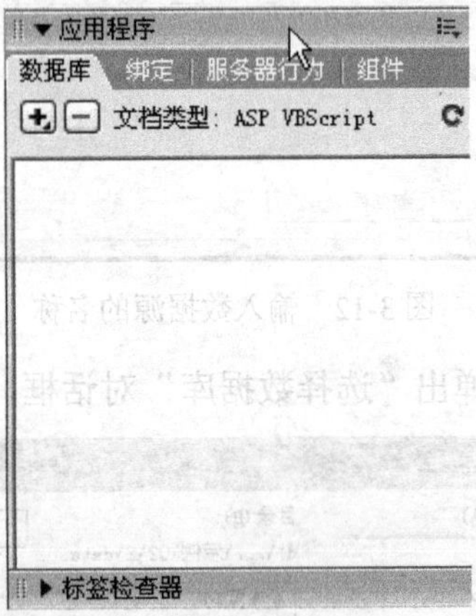

图 3-15　“数据库”面板

（3）单击“数据库”面板中的 按钮，弹出如图 3-16 所示的下拉列表，选择“数据源名称（DSN）”选项。

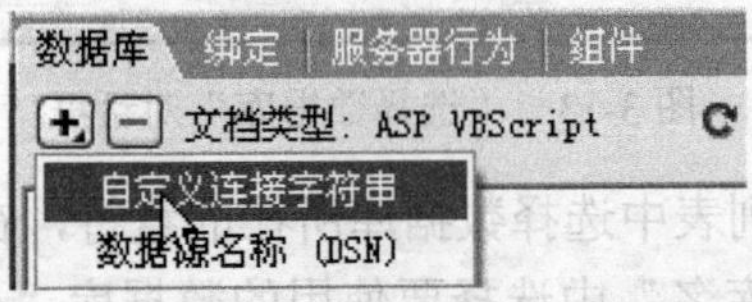

图 3-16　选择“数据源名称（DSN）”选项

（4）弹出“数据源名称（DSN）”对话框，在“连接名称文本框中输入“user”，在“数据源名称（DSN）”下列列表中选择已建好的数据源名“conn”，如图 3-17 所示。

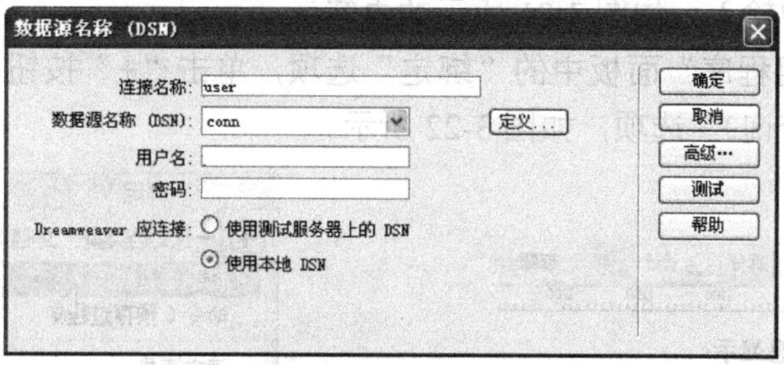

图 3-17 “数据源名称（DSN）”对话框

（5）单击“测试”按钮，如果 DSN 连接成功，则会弹出如图 3-18 所示的提示对话框。

图 3-18 DSN 连接成功

（6）单击“确定”按钮，在网站根目录下会自动创建名为 Connections 的文件夹，该文件夹内有一个名为 user.asp 的文件，用记事本打开此文件，其内容如图 3-19 所示。

图 3-19 DSN 连接

（7）在“数据库”面板中可以发现数据源已经连接成功了，“表”节点也出现了，如图 3-20 所示。

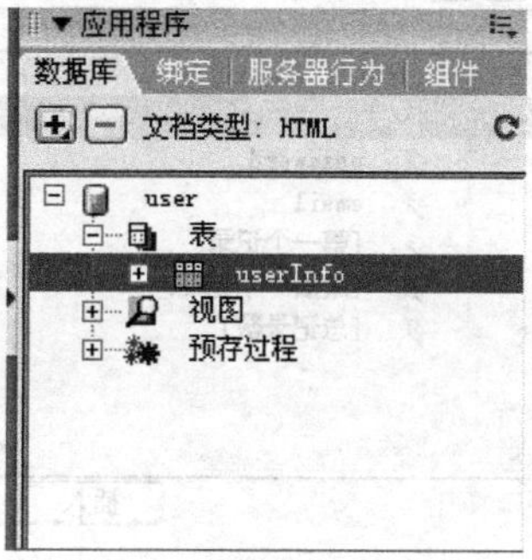

图 3-20 “数据库”面板中的表

步骤 4. 显示表中的记录。

（1）选择“文件”→“保存”命令，将文件命名为“first1.asp”。

（2）在该网页中输入，如图 3-21 所示的内容。

（3）选择“应用程序”面板中的“绑定”选项，单击“+”按钮，在弹出的下拉列表中选择“记录集（查询）”选项，如图 3-22 所示。

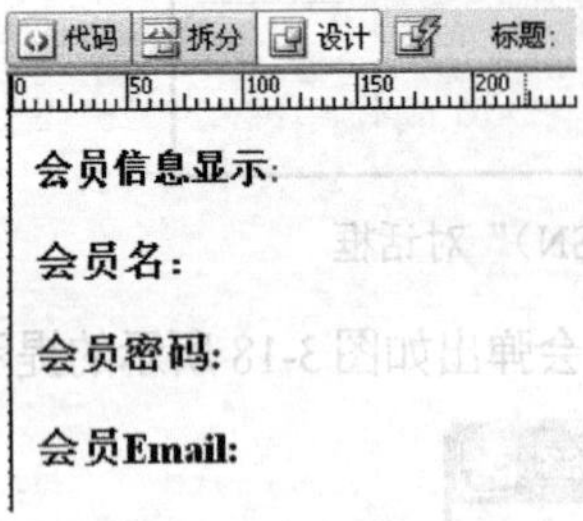

图 3-21 输入网页的内容

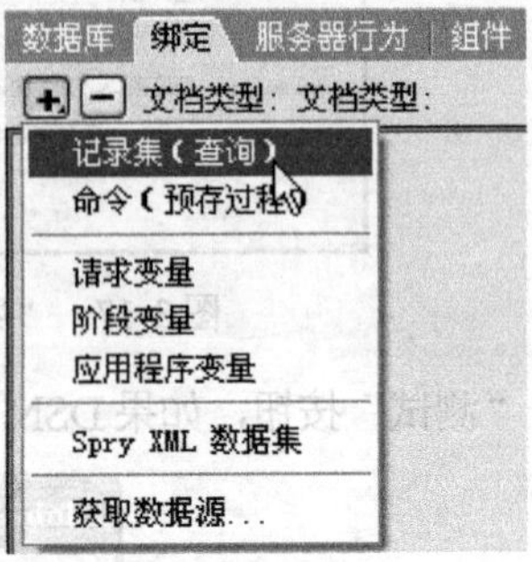

图 3-22 选择“记录集（查询）”选项

（4）在弹出的“记录集”对话框中进行设置，设置如图 3-23 所示。

（5）单击“测试”按钮，可以发现其中有一条记录，如图 3-24 所示。

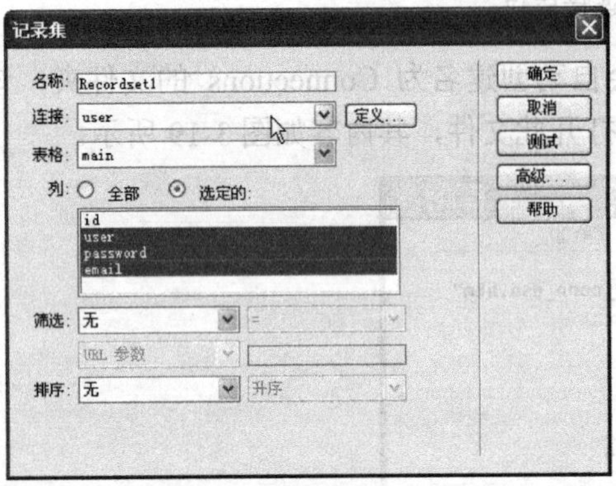

图 3-23 设置记录集

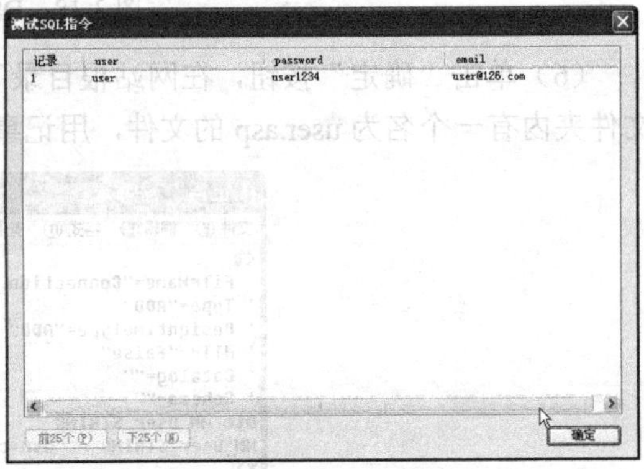

图 3-24 测试数据

（6）单击“确定”按钮，回到记录集面板，展开记录集，选中各个字段并单击“插入”按钮，如图 3-25 所示。

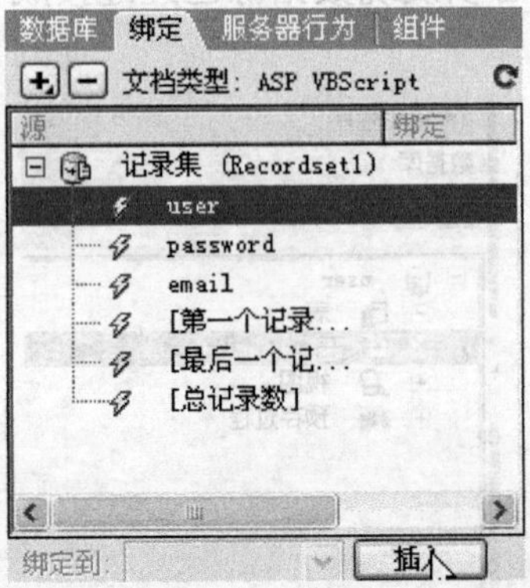

图 3-25 单击“插入”按钮

（7）将记录集插入到网页中，图 3-26 所示。

```
<body>
<h4>会员信息显示:</h4>
<h3>会员名：
<%=(Recordset1.Fields.Item("user").Value)%><br /></h3>
<h3>会员密码:
<%=(Recordset1.Fields.Item("password").Value)%><br /></h3>
<h3>会员Email:
<%=(Recordset1.Fields.Item("email").Value)%></h3>
</body>
```

图 3-26　插入记录集后的网页

（8）保存并运行网页，运行结果如图 3-27 所示。

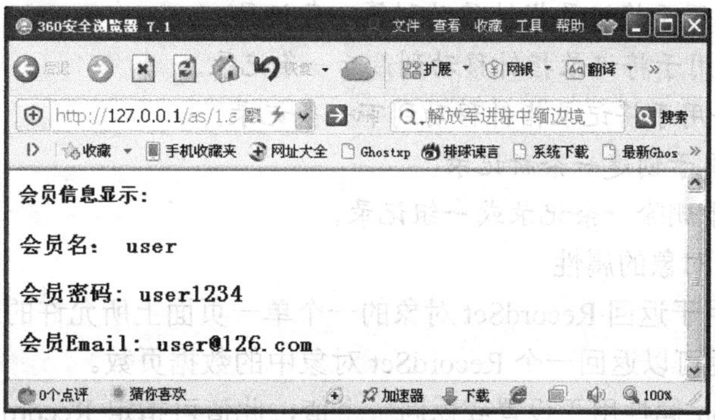

图 3-27　运行结果

知识链接

1．ODBC

ODBC（Open Database Connectivity，开放式数据库连接）是数据库服务器的一个标准协议，它向访问数据库的应用程序提供了一种通用的语言。应用程序通过 ODBC 定义的接口与驱动程序管理器通信，驱动程序管理器选择相应的驱动程序与指定的数据库进行通信，只要系统中有相应的 ODBC 驱动程序，任意程序都可以操纵对应的数据库。可以对多种数据库安装 ODBC 驱动程序，用来连接数据库并访问它们的数据。

2．DSN

DSN（Data Source Name，数据源名称）是应用程序用来请求连接到 ODBC 数据源的名称。换句话说，它是代表 ODBC 连接的符号。它存储的是连接的详细信息，如数据库名称、目录、数据库驱动程序、用户 ID、密码等信息。

3．数据记录集

在 ASP 中，用户对数据库的所有操作都是通过记录集（RecordSet）的方式来完成的。记录集对象表示的是来自于表或者命令执行的结果集合。在任何情况下，该对象所指的当前记录均为集合内的单条记录。所有 RecordSet 对象均使用记录（行）和字段（列）进行构造。

在获取记录集时往往会用到 SQL 语句和数据连接。

（1）RecordSet 对象的创建方法

```
Set 记录集对象实例=Server.CreateObject("ADOCB.RecordSet")
```

例如，若要创建一个名为 rs 的记录集对象，则创建方法如下。

```
Set rs=Server.CreateObject("ADOCB.RecordSet")
```

（2）RecordSet 对象的主要方法

Open 方法用于打开基本表、查询结果或以前保存的 RecordSet 的游标，即可以与数据库建立连接。

Close 方法用来关闭所指定的 RecordSet 对象，如 rs.close 表示关闭名为 rs 的记录集对象。

MoveFirst 方法用于将记录指针移动到第一条记录。

MoveLast 方法用于将记录指针移动到最后一条记录。

MoveNext 方法用于将记录指针移动到下一条记录。

AddNew 方法用于创建一条新记录。

Delete 方法用于删除一条记录或一组记录。

（3）RecordSet 对象的属性

Pagesize 属性用于返回 RecordSet 对象的一个单一页面上所允许的最大记录数。

PageCount 属性可以返回一个 RecordSet 对象中的数据页数。

AbsolutePosition 属性用于设置或返回一个值，此值可指定 RecordSet 对象中当前记录的顺序位置（序号位置）。

AbsolutePage 属性用于设置或返回一个可指定 RecordSet 对象中页码的值。

MaxRecords 属性用于设置或返回从一个查询返回 RecordSet 对象的最大记录数目。

RecordCount 属性可以返回一个 RecordSet 对象的记录数目。

（4）Fields 对象的集合

多个 Field 对象可以构成 Fields 集合。

Fields 集合代表了一条记录的所有字段，每个 Field 对象对应 RecordSet 中的一列。利用 Fields 对象提供的 Value、Name、Type 和 Size 属性，可以获得该列的当前值、该列的名称、该列的类型和该列的宽度等信息，利用 Fields 集合中所有的 Field 对象数目。

拓展与提高

1. 使用纯代码连接数据库

用户可以建立一个连接文件 conn.asp，输入连接数据库的代码，代码如图 3-28 所示。

```
<%
set conn=server.createobject("adodb.connection")
//创建连接对象
connstr="Provider=Microsoft.jet.oledb.4.0;data
source="&server.mappath("data.mdb")
//数据库驱动程序字符串
conn.open connstr //连接数据库
%>
```

图 3-28　连接数据库的代码

2．连接 SQL Server 数据库

（1）选择“控制面板”→“管理工具”→“数据源（ODBC）”→“系统 DNS”命令，弹出“ODBC 数据源管理器”对话框。

（2）单击“添加”按钮，弹出“创建新数据源”对话框，在该对话框中选择“SQL Server”选项，如图 3-29 所示。

（3）单击“完成”按钮，弹出“创建到 SQL Server 的新数据源”对话框，如图 3-30 所示。

图 3-29 “创建新数据源”对话框

图 3-30 “创建到 SQL Server 的新数据源”对话框

（4）在该对话框的“名称”文本框中输入 ODBC 数据源的名称，以后用户可以在程序中通过此名称访问指定的数据库，根据需要在“描述”文本框中输入数据源的描述信息。在“服务器”文本框中指定该 SQL Server 服务器的名称，服务器名称可以使用计算机的名称，也可以使用 IP 地址。单击“下一步”按钮，弹出 SQL Server 身份验证对话框，如图 3-31 所示。

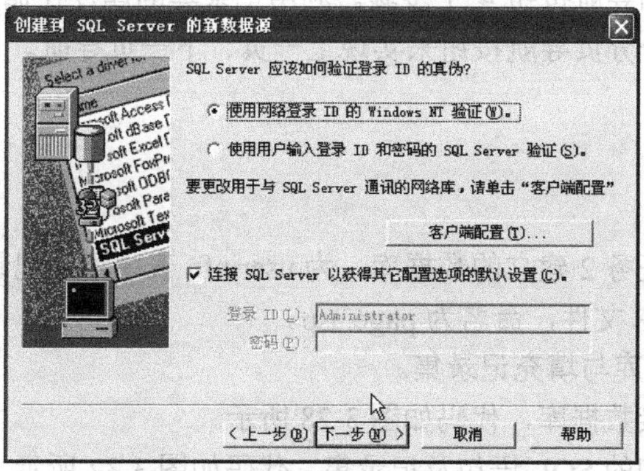

图 3-31 SQL Server 身份验证对话框

（5）输入 SQL Server 服务器的用户登录信息及验证信息后，单击“下一步”按钮，指定默认数据库等选项后，单击“下一步”按钮，指定日志文件等选项后，单击“完成”按钮，完成该数据源的创建。

试一试

使用“素材\项目 3\示例\02”中提供的数据库文档，使用代码连接数据库，如果连接成功，则显示“连接成功”；如果断开连接，则显示“断开连接”。

任务 3　分页显示数据库中的信息

任务目标

（1）学习 ADO 组件的使用；
（2）掌握检索数据 RecordSet 对象的方法；
（3）掌握读取数据库中记录的操作方法。

任务描述

在网站的页面中需要体现个人信息，而这些信息都保存在数据库中，这时要能够从数据库中读取个人信息，并在相关的页面上显示出来。当数据库中的数据很多时，在显示信息的时候一页显示不完，这时要求在设计显示页面时把记录显示在多个页面中，用户可以通过按钮来显示下一页记录或上一页记录。

任务分析

用户在完成此任务的时候要建立数据库的连接、建立记录集、在网页中显示数据库中的记录和在网页中增加导航按钮 4 个步骤。利用记录集的属性在循环语句中确定数据的分页显示条数，编写一个分页导航按钮来实现上一页、下一页导航。

操作步骤

步骤 1. 新建文件。

（1）打开本项目任务 2 建立的数据库，为 userinfo 表中添加记录。
（2）新建一个 ASP 文件，命名为 page.asp。

步骤 2. 连接数据库与填充记录集。

（1）输入代码连接数据库，代码如图 3-28 所示。
（2）输入设置查询的 SQL 语句及记录集，代码如图 3-32 所示。

```
<%
set conn=server.createobject("adodb.connection")
connstr="Provider=Microsoft.jet.oledb.4.0;data source="&server.mappath("userinfo.mdb")
conn.open connstr
%>
```

图 3-32　代码

步骤 3. 编写代码显示当前表中记录。

（1）使用 Dreamweaver 建立表格，在表格中显示检索信息，代码如图 3-33 所示。

```
<%
if rs.eof then
    response.Write("没有找到相关记录")
else
  do while not rs.eof
    %>
    <tr>
    <td><%response.write(rs("user"))%></td>
    <td><%response.write(rs("password"))%></td>
    <td><%response.write(rs("email"))%></td>
    </tr>
   <br />
<%
    rs.movenext
  loop
end if
%>
```

图 3-33 检索代码

（2）关闭数据集和数据连接，代码如图 3-34 所示。

```
<%
rs.close    //关闭数据集
set rs=nothing  //释放数据集变量
conn.close    //关闭数据连接
set conn=nothing  //释放数连接变量
%>
```

图 3-34 关闭数据集和数据连接

（3）运行代码，运行结果如图 3-35 所示。

会员名:	密　码:	Email:
user1	user1234	user1234@126.com
user2	user1234	user1234
user3	user1234	user1234
user4	user1234	user1234
user5	user1234	user1234
user6	user1234	user1234

0个点评 猜你喜欢 加速器 下载

图 3-35 运行结果

（4）编写一页显示 5 条记录的代码，代码如下。

```
<table width="400" border="1">
  <tr>
    <td>会员名:</td>
    <td>密  码:</td>
    <td>Email:</td>
  </tr>
<%
  if rs.eof then
     response.Write("没有找到相关记录")
    else
  rs.pagesize=5          //每页显示5条记录
  num=rs.recordcount     //记录总数
  max=rs.pagecount      //总页数
  page=request("page") //从超链接或URL中获取页数变量
  if not isnumeric(page) or page=" " then
     page=1
```

```
      else
      page=cint(page)
      end if
      if page<1 then
        page=1
       elseif page>max then
        page=max
      end if
      rs.absolutepage=page       //设置当前的页数
      currnum=0                  //当前记录数
      for i=1 to 5
        if rs.eof then
          exit for
        else
     %>
      <tr>
        <td><%response.write(rs("user"))%></td>
        <td><%response.write(rs("password"))%></td>
     <td><%response.write(rs("email"))%></td>
      </tr>
    <%
        currnum=currnumn+1
     rs.movenext
      end if
      next
      end if
    %>
```

（5）编写分页导航过程的代码，代码如下。

```
    sub lastnextpage(pagecount,page,rcount)
      dim query,a,x,temp

action="http://"&request.servervariables("http_host")&request.servervariable
s("script_name")
      query=split(request.servervariables("query_string"),"&")
      for each x in query
      a=split(x,"=")
      if strcomp((a(0)),"page",vbtextcompare)<>0 then
        temp=temp & a(0) &"=" &a(1) &"&"
      end if
      next
      response.write("<div><table><tr><td>")
      if page<=1 then
        response.write("首页|")
       response.write("上页|")
      else
       response.write("<b><a href="& action & "?"& temp &"page=1>首页
</a>|</b>")
       response.write("<b><a href="& action & "?"& temp &"page="&(page-
1)&">上页</a>|</b>")
```

```
        end if
        if page>=pagecount then
          response.write("下页|")
        response.write("尾页|")
        else
        response.write("<b><a href="& action & "?" & temp
&"page="&(page+1)&">下页</a>|</b>")
        response.write("<b><a href="& action & "?"& temp
&"page="&pagecount&">尾页</a>|</b>")
         end if
          response.write("页次: " & page &"/" & pagecount &"页")
      response.write("</td></tr></table></div>")
    end sub
```

（6）保存页面，运行结果如图 3-36 所示。

会员名:	密 码:	Email:
user1	user1234	user1234@126.com
user2	user1234	user1234
user3	user1234	user1234
user4	user1234	user1234
user5	user1234	user1234

首页|上页|**下页**|**尾页**|页次：1/2页

图 3-36 第一页显示效果

（7）单击页面导航中的“下页”按钮，会显示如图 3-37 所示的效果。

会员名:	密 码:	Email:
user6	user1234	user1234
user7		

首页|**上页**|下页|尾页|页次：2/2页

图 3-37 第二页显示效果

知识链接

1. SQL

SQL（Structured Query Language，结构化查询语言）是一种数据库查询和程序设计语言，用于存取数据，查询、更新和管理数据库系统。在 ASP 中，只要访问数据库，就必然要使用 SQL。常用的 SQL 命令如下。

（1）select 语句：数据库中最常用的操作，用于从指定的表中查询出符合条件的记录，这些记录形成一个记录集。

select 语句的格式如下。

```
select <列名> from 表名 [where 条件表达式][group by 字段列表][having 条件表达式] [order by 字段名][ASC|DESC]
```

例如，查询表 main 中的所有记录的所有字段，应使用如下命令。

```
select * from main
```

例如，查询表 main 中姓“王”的人的所有信息，应使用如下命令。

```
select * from main where user like '王%'
```

（2）update 语句：用于更新或修改指定记录的数据。

update 语句格式如下。

```
update 表名 set 列1=值1,.列2=值2......[ where 条件表达式 ]
```

例如，将表 main 中 user5 的 Email 改为 user5@126.com，应使用如下命令。

```
update main  set Email="user5@126.com"  where user="user5"
```

（3）insert 语句：用于向指定的表中插入单条记录。

insert 语句的格式如下。

```
Insert into 表名（<列1，列2...>）from （<值1，值2...)
```

例如，向表 main 中插入一条记录（会员名为 user1234，密码为 useruser，电子邮箱为 useruser@126.com），应使用如下命令。

```
insert into main set
user="useruser",password="useruser",email="useruser@126.com"
```

（4）delete 语句：用于删除指定的记录。

delete 语句的格式如下。

```
delete from 表名 [where 条件表达式]
```

例如，删除表 main 中的所有记录，应使用如下命令。

```
delete from main
```

2. ADO 组件

ADO 是微软公司提供的新一代数据库存取访问技术，是 ASP 的核心技术之一。ADO 通过 ODBC 或 OLE DB 连接字符串访问数据库。

ADO 组件由 ADO DB 构成，它主要包含 7 个对象和 4 个数据集合。ADO 将绝大部分的数据操作封装在这 7 个对象中，在 ASP 网页中可通过编程调用这些对象以执行相应的数据库操作。常用的对象如表 3-3 所示。

表 3-3　常用的对象

对　　象	作　　用
Connection 对象	用于创建 ASP 脚本和指定数据的连接。在使用任何数据库之前，先要与一个数据库建连接，才能进行下一步的数据操作
Command 对象	负责对数据库提供操作请求，该对象的操作结果将返回一个 RecordSet 记录集
RecordSet 对象	负责浏览与操作从数据库中取得的数据
Fields 集合	包含记录集中的各个列，记录集中返回的每一列在 Fields 集合中都有一个相关的 Field 对象

拓展与提高

1. Connection 对象的方法

在定义一个与数据源连接的变量后，需要使用对象方法打开 Connection 对象，然后才能对数据库进行查询、添加、删除等相关操作。Connection 对象主要有以下 3 种方法。

（1）Open 方法

Connection 对象的 Open 方法可以建立与数据源的物理连接，该方法执行成功后，连接才能真正建立，这时用户才能对数据源发出命令并执行相应操作。

Open 方法的格式如下。

```
Connection.Open ConnectionString，UserID，Password
```

ConnectionString 包含用于建立连接数据源的信息，UserID 用于建立连接时所使用的用户名，Password 用于指定建立连接时所使用的密码，UserID 和 Password 为可选项。

（2）Execute 方法

Execute 方法用于执行指定的查询、SQL 语句、存储过程等内容。

① 无返回结果的语法格式如下。

```
Connection.Execute CommandText,RecordAffected,Options
```

② 有返回结果的语法格式如下。

```
Set recordset= Connection.Execute(CommandText,RecordAffected,Options)
```

该方法返回一个 RecordSet 对象。

其中，参数 CommandText 是字符串类型，包含要执行的 SQL 语句、表名、存储过程等；RecordAffected 是长整型类型，其值是执行指定的操作要影响的记录数目；Options 表示对数据库请求的类型。

（3）Close 方法

使用 Close 方法可关闭 Connection 对象或 RecordSet 对象，以便释放所有关联的系统资源。关闭对象并非将它从内存中删除，可以更改它的属性设置并再次打开。要将对象从内存中完全删除，可将对象变量设置为 Nothing。

Close 语法格式如下。

```
Connection.close
```

2. Command 对象的方法

Command 对象是 ADO 组件中专门用于数据库执行命令和操作的对象，虽然在 Connection 和 RecordSet 对象中也可以执行一些操作命令，但功能上比 Command 对象弱。Command 对象主要有以下两种方法。

（1）CreateParameter 方法

该方法可用指定的名称、类型、方向、大小和值创建新的 Parameter 对象，其语法格式如下。

```
Set Parameter=command.CreateParameter(Name,Type,Direction,Size,,Value)
```

（2）Execute 方法

该方法与 Connection 对象的 Execute 方法相似，都负责运行指定的 SQL 命令或存储过程。

试一试

本项目任务 3 用于把表中的所有记录全部显示出来，现使用“素材\项目 3\示例\ 03”中提供的文档，使用循环结构显示表中第 3 个记录以后的所有记录。

总结与回顾

本项目主要学习了 ASP 和 VBScript 的一些基础知识，ODBC 数据源的配置和在 Dreamweaver 站点中连接数据源配置的方法。通过本项目的学习，使用户可以在网页中使用数据库中的信息，并把信息分页显示在网页中。

实训　制作一个统计网页

任务描述

在很多网站中都需要统计信息，如根据注册的信息数据库统计注册者的年龄分布情况等，这就要求网站管理人员添加关于数据统计方面的页面。使用“素材\项目 3\实训”文件夹中提供的文档，制作一个统计页面，需要制作的页面包括注册者的最大年龄、最小年龄、平均年龄。

任务分析

数据统计页面在连接数据库后，需要使用循环结构和选择结构对表中的记录进行判断，得到统计结果后在网页中输出。

习题 3

1．选择题

（1）嵌入 HTML 文件的 ASP 代码必须放在（　　）之间。

A．<　>　　B．“　”　　C．<%　%>　　D．<%=　=%>

（2）若要将数据由服务器传送到浏览器，则可以使用（　　）方法。

A．Write　　B．Response　　C．Redirect　　D．Output

（3）ASP 文件的扩展名是（　　）。

A．VB　　B．PHP　　C．ASP　　D．HTML

（4）下列关于 ASP 程序的说法不正确的是（　　）。

A．在 ASP 程序中，字母不区分大小写

B．使用 REM 或′符号来标记注释语句

C．<%和%>符号必须和 ASP 语句放在一行

D．ASP 语句必须分行，不能把多条 ASP 语句写在一行

（5）执行完如下语句后，a 的值为（　　）。

```
<%
Dim a
a=3
a=a+1
%>
```

A．0　　B．1　　C．3　　D．4

（6）VBScript 代码中用来注释的语句是（　　）。

A．’　　B．!　　C．<!-- -->　　D．<-->

（7）关于 ASP，下列说法正确的是（　　）。

A．开发 ASP 网页所使用的脚本语言只能采用 VBScript

B．网页中的 ASP 代码同 html 标记符一样，必须用分隔符“<”和“>”将其括起来

C．网页运行时在客户端无法查看到真实的 ASP 源代码

D．以上全都错误

（8）如果 a = Int(9*Rnd()+1)，则 a 的值范围是（　　）。

A．(1,8)　　B．[1,8]　　C．(1,9)　　D．[1,9]

2．填空题

（1）ASP 是 Microsoft 公司推出的一种________网页制作技术，它________（是或不是）一种编程语言。

（2）在数据库表中，纵的一行称为________，横的一行叫________。

（3）ASP 的默认语言是________。

（4）在编写网页代码时，ASP 中的 VBScript________大小写。

（5）若要移动到表的最后一条记录，则可以使用__________方法。

（6）ADODB.recordset 对象的属性________可以指定返回的记录集每页的记录总数。

3．简答题

（1）简述 ASP 程序的执行过程。

（2）简述 ASP 程序的基本结构。

（3）在 Dreamweaver 中如何进行数据源的连接？

项目4 网站新闻发布与管理

新闻发布与管理系统是动态网站建设中经常用到的系统，尤其是政府部门、教育系统或企业网站。新闻发布与管理系统的作用是在网上发布信息，通过对新闻的不断更新，使用户及时了解行业信息、企业状况。所以新闻发布系统中涉及的主要功能是访问者的新闻浏览功能，以及系统管理员对新闻的增加、修改、删除功能。本项目将讲解如何制作一个功能完善的新闻发布与管理系统。

项目目标

（1）了解新闻发布与管理系统的工作流程；
（2）了解新闻发布的管理系统的页面组成或所需的数据库表文件；
（3）创建记录集，绑定正确的字段，创建重复区域服务器的行为；
（4）完成记录分页，根据需要显示不同区域；
（5）制作转到详细页面，选择传递的参数和条件；
（6）正确地插入表单，使用文本域、按钮；
（7）为表单设置正确的目标和方法；
（8）正确制作动态表格和记录集导航；
（9）创建登录用户服务器的行为；
（10）创建限制对页面的访问服务器的行为；
（11）创建记录的输入、修改、删除服务器的行为。

项目描述

网站的新闻发布与管理系统，在技术上主要体现为如何显示新闻内容，以及对新闻的修改和删除。一个完整的新闻发布与管理系统共分为两部分：一是访问者访问新闻的动态网页部分；二是管理者对新闻进行编辑的动态网页部分。

新闻发布与管理系统需要制作的页面名称及功能如表4-1所示。

表4-1　页面名称及功能

需要制作的主要页面	页面名称	功　能
网站首页	index.asp	网站首页新闻显示模块
新闻列表页面	\www.qyw.sh.cn\nwes\newslist.asp	显示新闻列表页内容
新闻详细页面	\www.qyw.sh.cn\nwes\newsdetaile.asp	显示新闻的详细页面
管理登录页面	\www.qyw.sh.cn\admin\login.asp	管理者登录页面
后台管理首页面	\www.qyw.sh.cn\admin\admin.asp	后台管理页面

续表

需要制作的主要页面	页面名称	功　能
新闻管理列表	\www.qyw.sh.cn\admin\news_admin.asp	新闻管理页面
新增新闻页面	\www.qyw.sh.cn\admin\news_add.asp	新增新闻页面
修改新闻页面	\www.qyw.sh.cn\admin\news_edit.asp	修改新闻页面
删除新闻页面	\www.qyw.sh.cn\admin\news_delete.asp	删除新闻页面

任务 1　网站首页新闻显示模块

任务目标

（1）了解一般新闻页面的组成；
（2）掌握数据库连接的创建方法及连接字符串；
（3）掌握记录集的创建及字段的绑定；
（4）掌握重复区域、转到详细页面等服务器行业的创建。

任务描述

将素材中“素材\项目 4\示例\原始文档”文件夹中的“www.qyw.sh.cn”文件夹复制到本地硬盘中，如 E:\www.qyw.sh.cn，并创建动态 Web 站点，将网站首页（index.htm）的新闻显示模块由静态的修改为动态的（index.asp）。

任务分析

本任务通过对网站首页（index.htm）的新闻显示模块进行修改，使原来的静态链接变为动态自动显示数据库中最新的 8 条新闻，并能转到相应新闻的详细页面。

操作步骤

步骤 1. 规划并创建数据库表。

数据库中新闻表的规划如表 4-2 所示。

表 4-2　新闻表的规划

字段名	类型	大小	说明
news_id	自动编号		新闻编号
news_class_id	数值		新闻类别
news_title	文本	20	新闻标题
news_date	日期		发布时间
news_author	文本	10	新闻作者
news_content	备注		新闻内容

步骤 2. 修改网站首页，将新闻显示模块的静态链接删除。

（1）使用 Dreamweaver CS6 打开网站的首页，并切换到“代码”视图，显示页面的代码，找到“公司新闻”模块的代码，如图 4-1 所示，并将其删除，删除后的页面效果如图 4-2 所示。

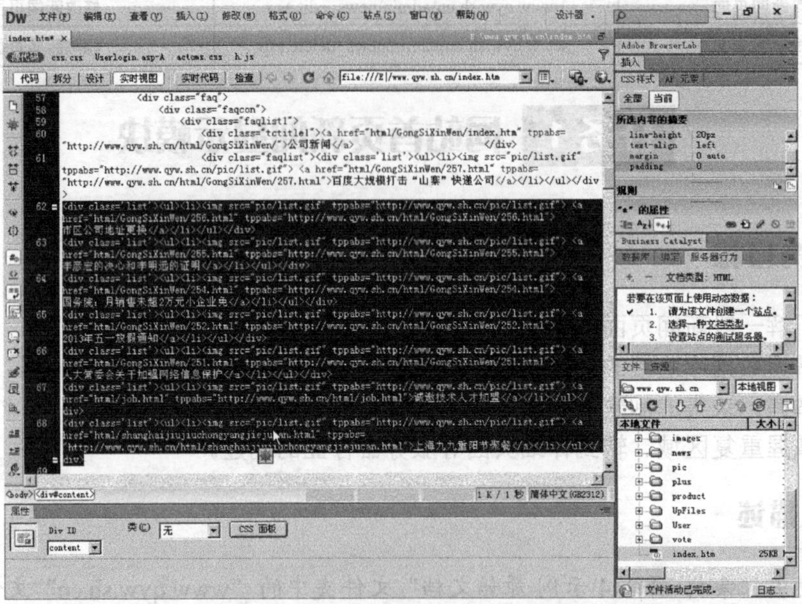

图 4-1“公司新闻”模块的代码

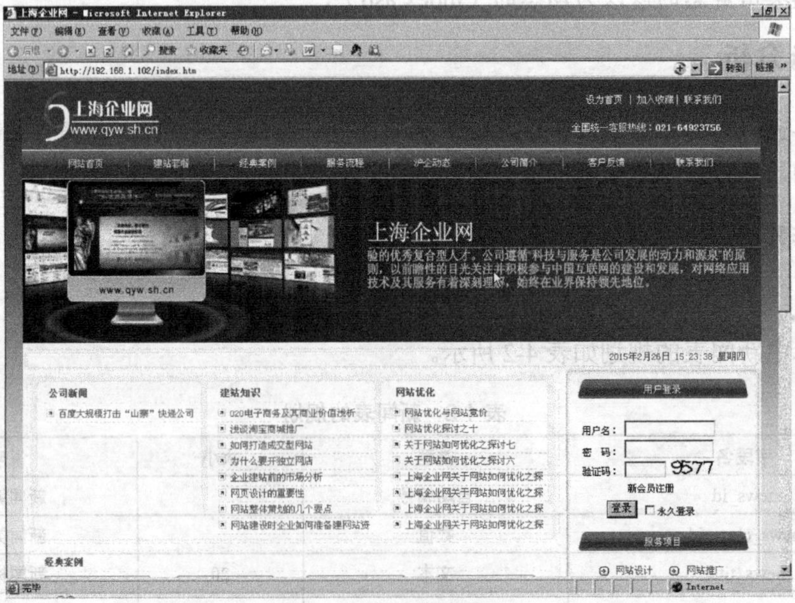

图 4-2　删除后的效果

（2）将首页中“公司新闻”的链接修改为“<a href="../HTML/GongSiXinWen/index.asp">公司新闻</a>”，如图 4-3 所示。

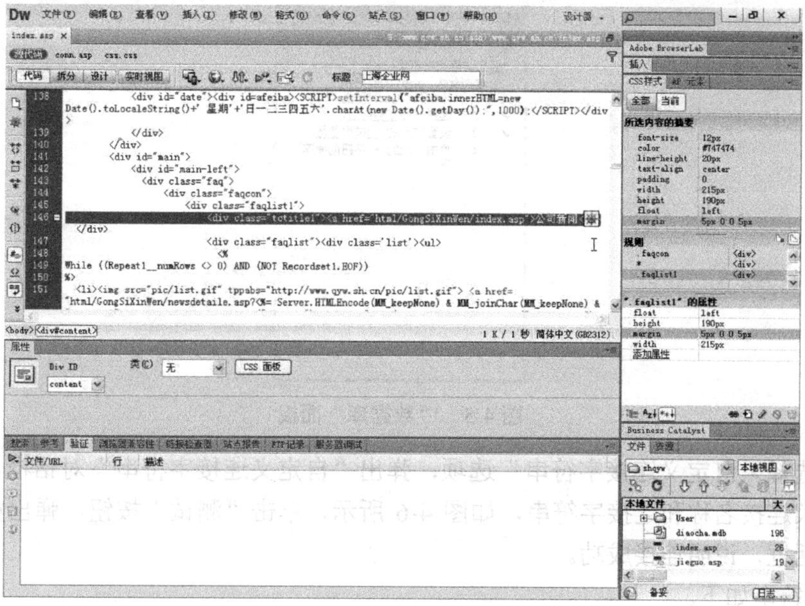

图 4-3　修改“公司新闻”的链接

（3）将 index.htm 另存为网站根目录中的 index.asp 文件。

（4）将网站首页页面导航栏的“网站首页”链接修改为“<a href="../index.asp" >网站首页</a>”，如图 4-4 所示。

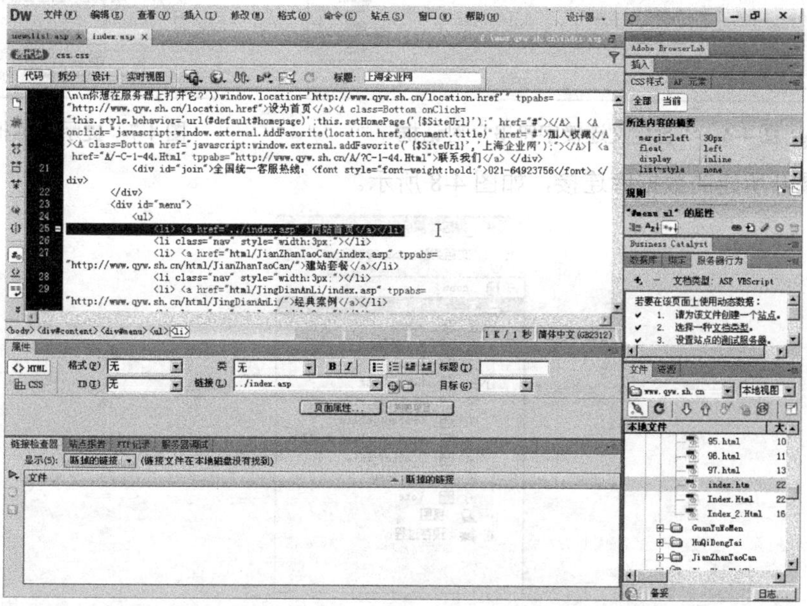

图 4-4　修改“网站首页”的链接

步骤 3．创建数据库连接。

（1）打开 Dreamweaver CS6 窗口，选择“窗口”→“数据库”命令，打开“数据库”面板，单击“数据库”面板中的按钮，弹出下拉列表，如图 4-5 所示。

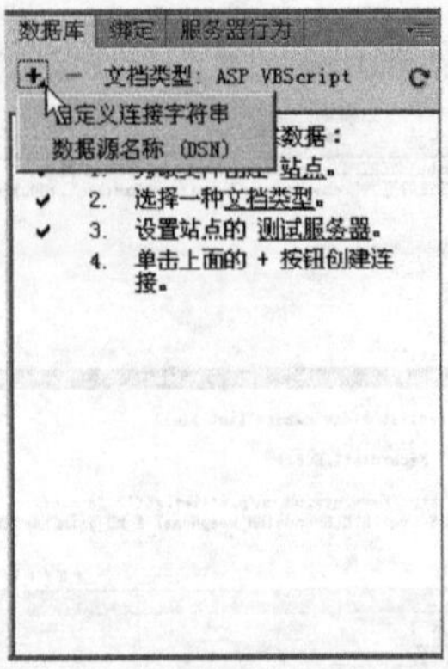

图 4-5 “数据库”面板

（2）选择“自定义连接字符串”选项，弹出“自定义连接字符串”对话框，并在该对话框中输入连接名称和连接字符串，如图 4-6 所示，单击“测试”按钮，弹出如图 4-7 所示提示对话框，说明连接成功。

连接字符串如下。

```
"Provider=Microsoft.Jet.OLEDB.4.0;DataSource="&Server.MapPath("\data\shqyw.mdb")
```

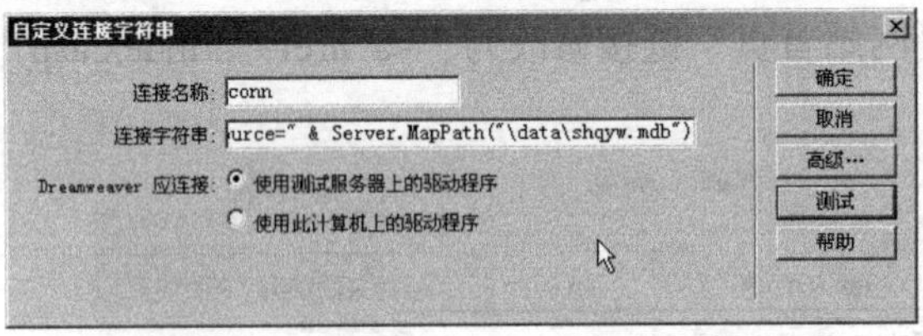

图 4-6 “自定义连接字符串”对话框

图 4-7 提示对话框

（3）展开所建的数据库连接，如图 4-8 所示。

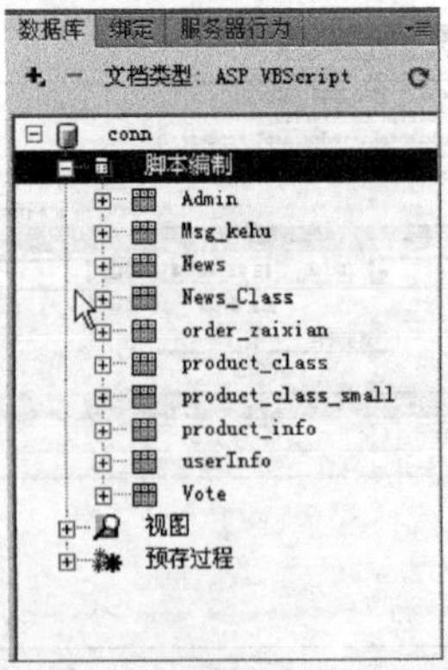

图 4-8 数据库连接结果

步骤 4. 创建记录集

（1）打开“绑定”面板，单击按钮，弹出下拉按钮，如图 4-9 所示。

图 4-9 新建记录集

（2）选择“记录集”选项，弹出“记录集”对话框，并输入记录集的名称、选择已建立的连接和相应的数据表等，如图 4-10 所示，单击“测试”按钮，如果弹出如图 4-11 所示的对话框并显示记录集结果，则说明记录集创建成功，单击“确定”按钮，完成记录集的创建。

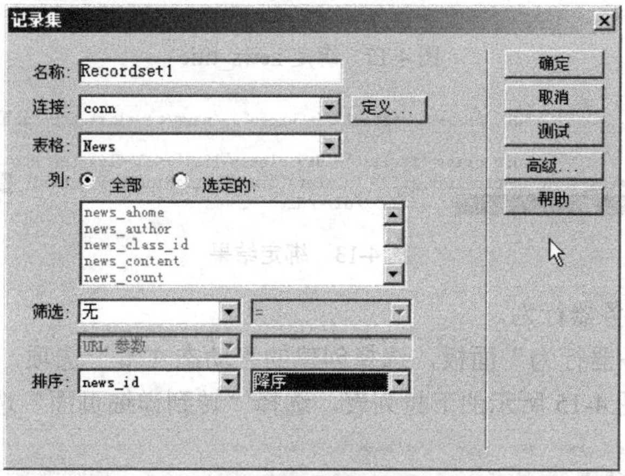

图 4-10 “记录集”对话框

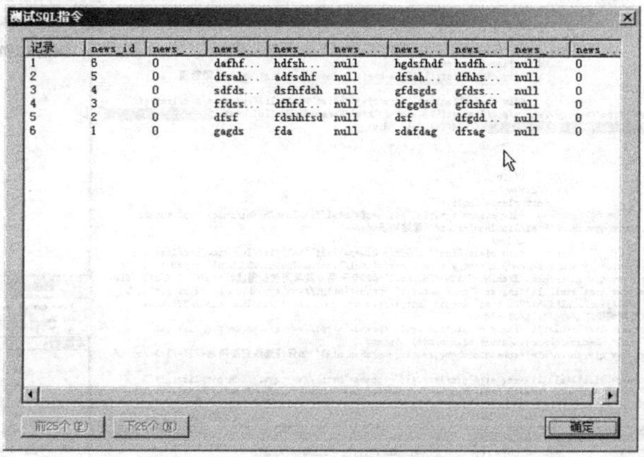

图 4-11 记录集测试结果

（3）选中图 4-12 所示代码中的“百度大规模打击‘山寨’快递公司”链接文字，并将其删除，在“绑定”面板中展开新建的记录集 Recordset1，选择 news_title 选项，单击

“绑定”面板右下角的“插入”按钮，结果如图 4-13 所示。

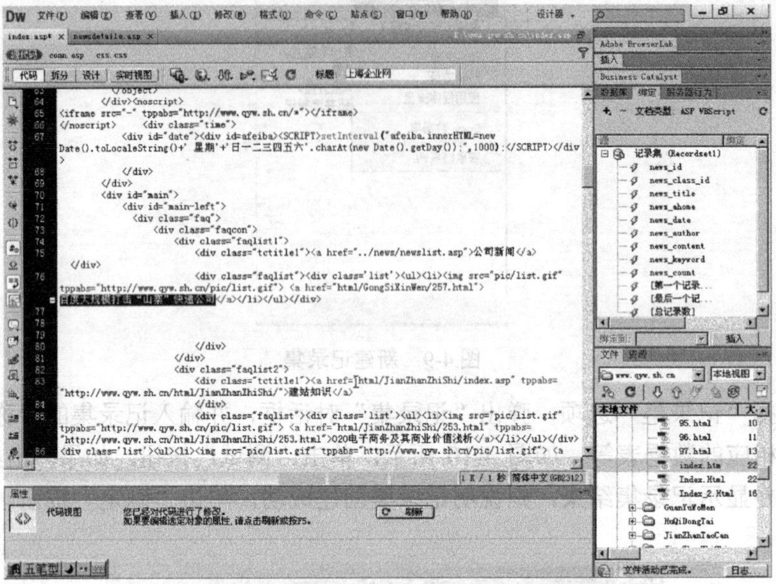

图 4-12　绑定 news_title

```
                    <div class="tctitle1"><a href="../news/newslist.asp">公司新闻</a>
 </div>
                    <div class="faqlist"><div class='list'><ul><li><img src="pic/list.gif"
tppabs="http://www.qyw.sh.cn/pic/list.gif"> <a href="html/GongSiXinWen/257.html"><%=(Recordset1.
Fields.Item("news_title").Value)%></a></li></ul></div>
```

图 4-13　绑定结果

步骤 5. 创建服务器行为。

（1）打开“服务器行为”面板，选择创建的“动态文本”选项，如图 4-14 所示。单击按钮 **+**，弹出如图 4-15 所示的下拉列表，选择“转到详细页面”选项。

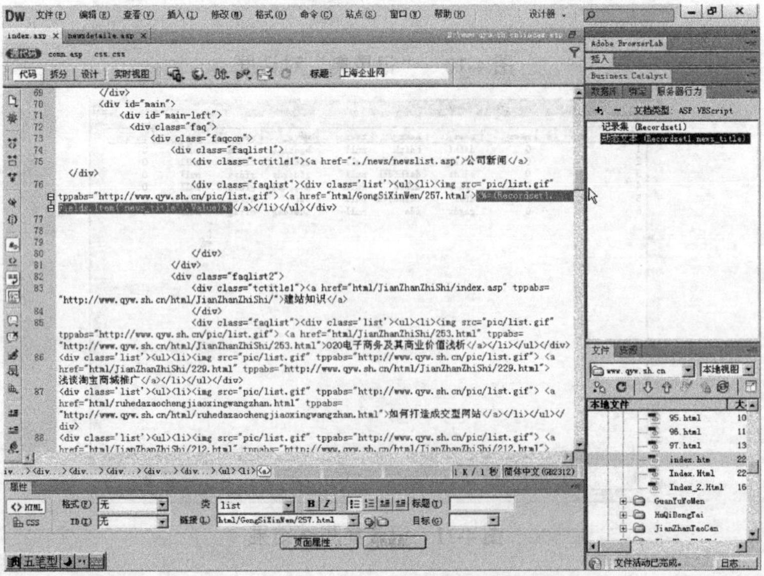

图 4-14　添加服务器行为

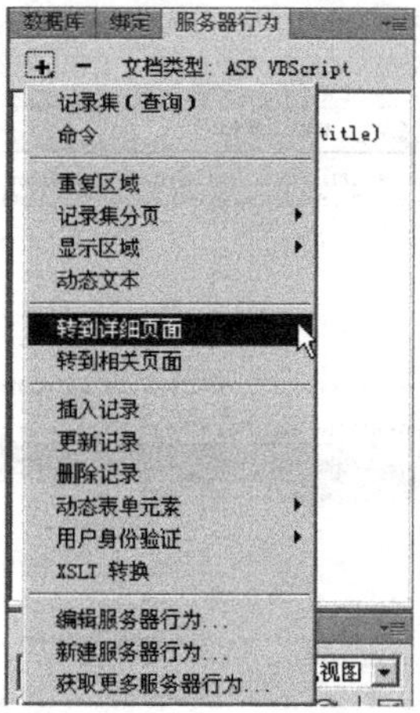

图 4-15　转到详细页面

（2）弹出“转到详细页面”的对话框，如图 4-16 所示，单击“浏览”按钮，弹出“选择文件”对话框，如图 4-17 所示，在其中选择相应的详细页面，单击“确定”按钮，返回“转到详细页面”对话框，再次单击“确定”按钮，完成“转到详细页面”设置，如图 4-18 所示。

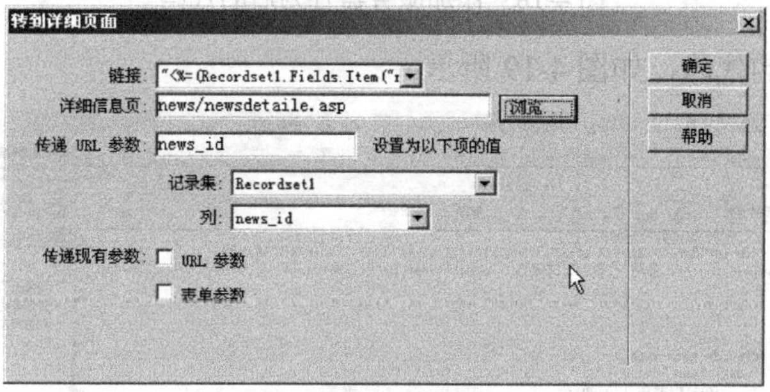

图 4-16　“转到详细页面”对话框

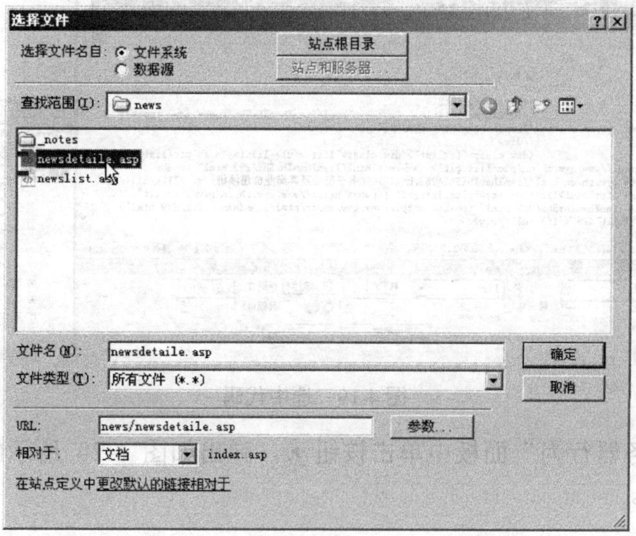

图 4-17　“选择文件”对话框

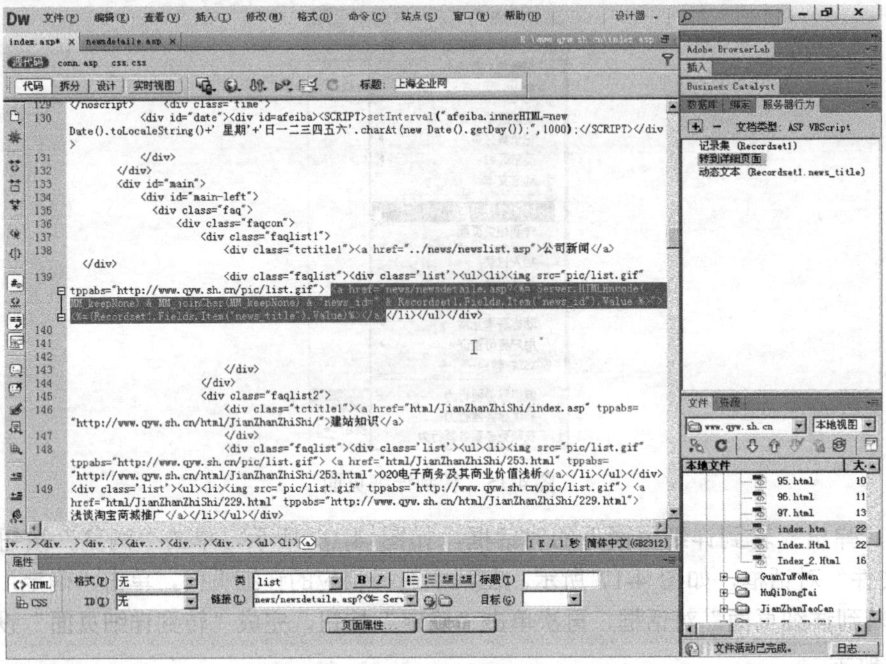

图 4-18 添加服务器行为后的代码

（3）选中网页的代码，如图 4-19 所示。

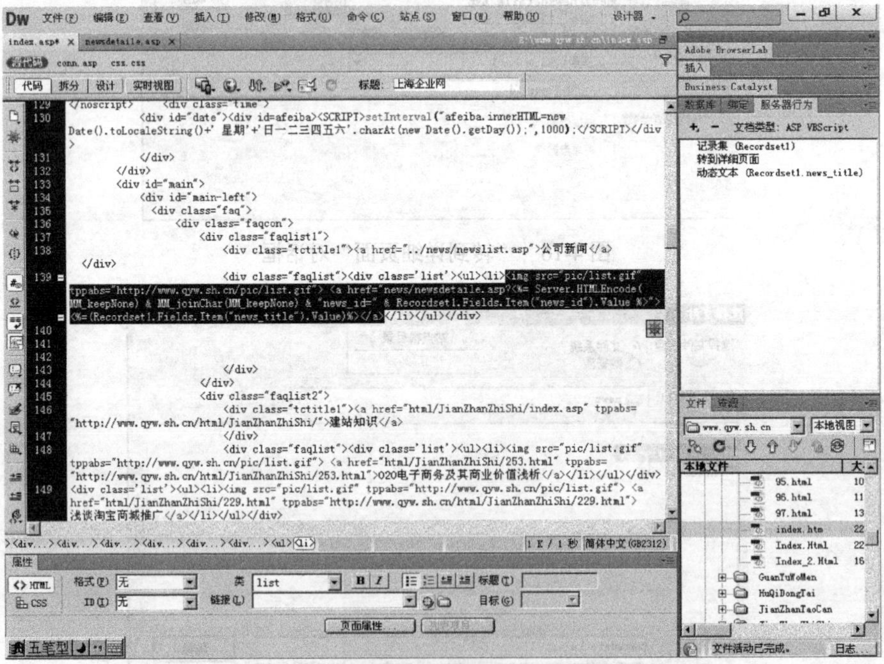

图 4-19 选中代码

（4）在“服务器行为”面板中单击按钮 +，弹出如图 4-20 所示的下拉列表，选择“重复区域”选项。

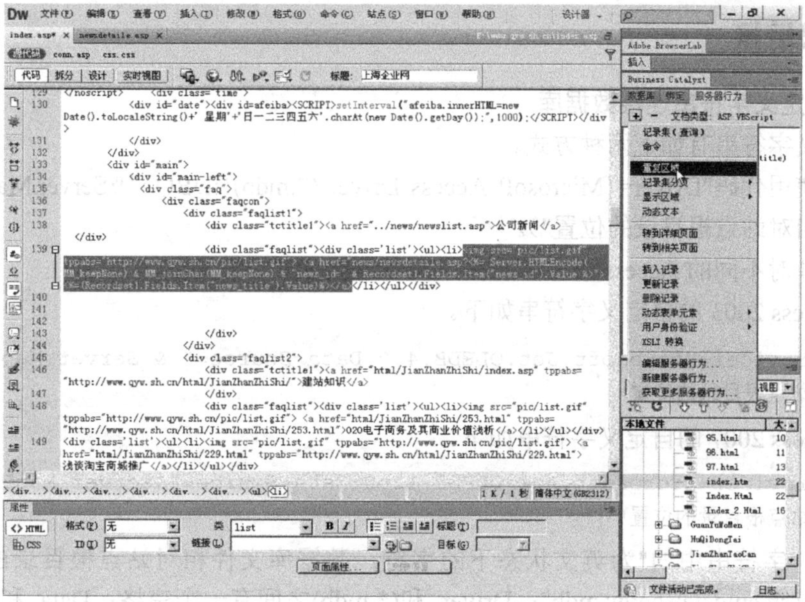

图 4-20 选择“重复区域”选项

（5）弹出“重复区域”对话，设置显示记录的个数，如图 4-21 所示，单击“确定”按钮，完成首页中新闻模块的制作。

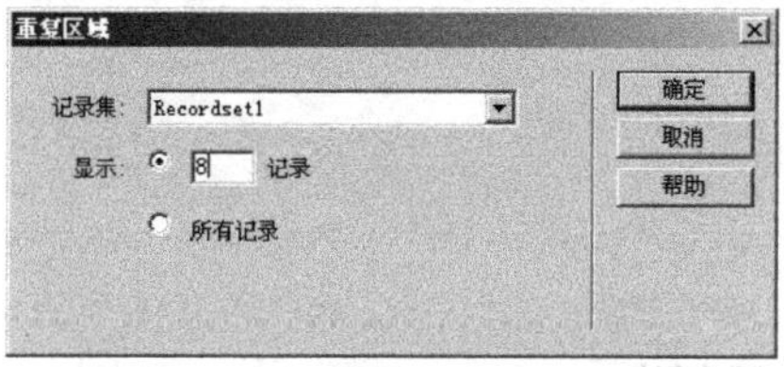

图 4-21 “重复区域”对话框

（6）在 Dreamweaver CS6 窗口中按【F12】键，预览页面的效果，如图 4-22 所示。

图 4-22 页面预览效果

知识链接

1. 自定义字符串连接数据库

自定义字符串有如下两种方式。

（1）使用代码"Driver={Microsoft Access Driver (*.mdb)};DBQ="&Server.MapPath（"数据库文件相对站点根目录的位置"）。

（2）针对不同的 Access 版本又有如下两种连接方式。

①Access 2003 的自定义字符串如下。

```
"Provider=Microsoft.Jet.OLEDB.4.0;Data Source=" & Server.MapPath("数据库文件相对站点根目录的位置")
```

②Access 2007 的自定义字符串如下。

```
"Provider=Microsoft.Ace.OLEDB.12.0;Data Source="&Server MapPath("数据库文件相对站点根目录的位置")
```

提示：字符串中的"为英文状态下的字符；数据库文件相对站点根目录的位置，如"\www.qyw.sh.cn\data\shqyw.mdb"；Driver 和(*.mdb)之间有一个空格；Data 和 Source 之间有一个空格。

2. 制作动态网页的流程

（1）创建数据库。

（2）定义站点。

（3）创建静态页面。

（4）建立数据库连接。

（5）创建记录集。

（6）字段绑定到页面。

（7）在页面中添加服务器行为。

（8）测试预览页面。

试一试

使用 Dreamweaver CS6 打开“素材\项目 4\示例\原始文件\01-03\www.qyw.sh.cn”文件夹中的“index.htm”文档，对网站首页中的“建站知识”模块进行修改，使“建站知识”模块以动态方式显示相关信息。

任务 2 新闻列表页面制作

任务目标

（1）了解新闻列表页面的组成；

（2）了解新闻列表页面的制作步骤；

（3）掌握记录集的创建及字段的绑定；

（4）掌握重复区域、转到详细页面等服务器行业的创建；

（5）掌握记录集导航条的创建。

任务描述

完成企业网站新闻列表页面的制作。

任务分析

动态新闻列表页面的制作过程包括记录集、绑定、重复区域、转到详细页面、记录集导航的创建等。

操作步骤

步骤 1．修改静态新闻列表页面。

（1）使用 Dreamweaver CS6 打开网站目录\www.qyw.sh.cn\html\GongSiXinWen 中的“index.htm”文档，找到如图 4-23 所示的代码，删除静态页面中的新闻列表，删除后的效果如图 4-24 所示。

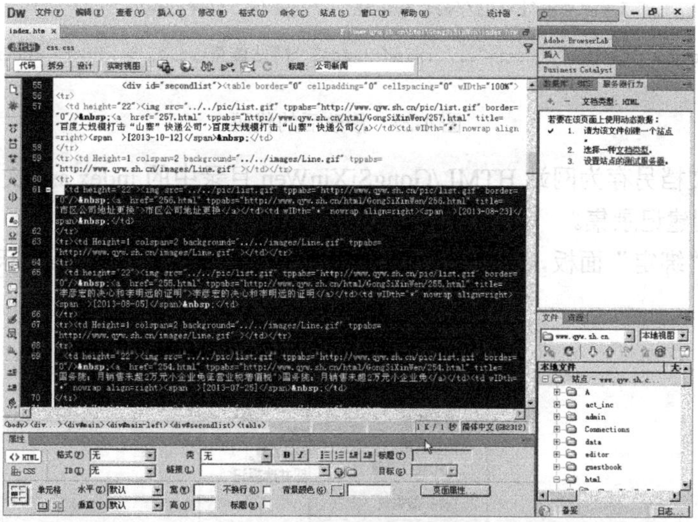

图 4-23　要删除的代码

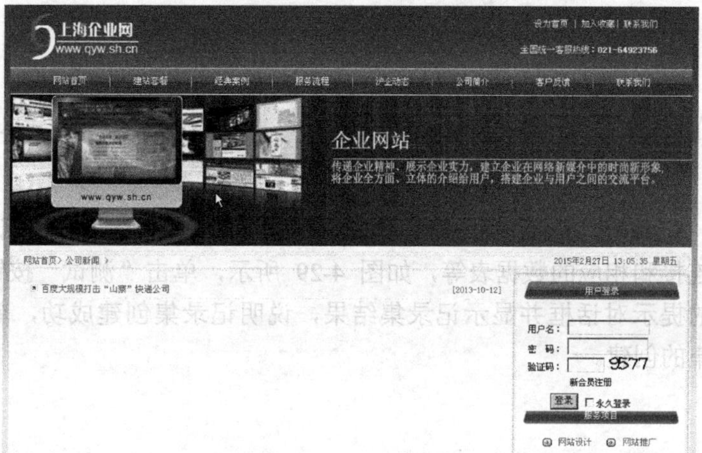

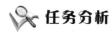

图 4-24　删除后的效果

（2）将页面导航栏的“网站首页”链接修改为“<a href="../index.asp" >网站首页</a>”，如图 4-25 所示。

```
<div id="menu">
    <ul>
        <li> <a href="../index.asp">网站首页</a></li>
        <li class="nav" style="width:3px;"></li>
```

图 4-25　修改网站首页的链接代码

（3）找到如图 4-26 所示的代码，修改为如图 4-27 所示的代码，使其链接指向网站的首页和新闻模块的首页。

```
<iframe src="-" tppabs="http://www.qyw.sh.cn/html/GongSiXinWen/*"></iframe>
</noscript>      <div class="time">
        <div class="path"><a href="../../index.htm" tppabs="http://www.qyw.sh.cn/">网站首页</a>>
<a  href="../../A/-L-0632073204.Html" tppabs="http://www.qyw.sh.cn/A/?L-0632073204.Html">公司新闻</
a> > </div>
```

图 4-26　静态页面中框架的链接代码

```
<iframe src="../news/-" tppabs="http://www.qyw.sh.cn/news/*"></iframe>
</noscript>      <div class="time">
        <div class="path"><a href="../../index.asp" >网站首页</a>> <a  href="index.asp" >公司新闻
</a> > </div>
```

图 4-27　修改后的代码

（4）将该文档另存为网站 HTML/GongSiXinWen 目录中的 index.asp 文件。

步骤 2. 创建记录集。

（1）打开“绑定”面板，单击按钮 [+]，弹出下拉列表，如图 4-28 所示。

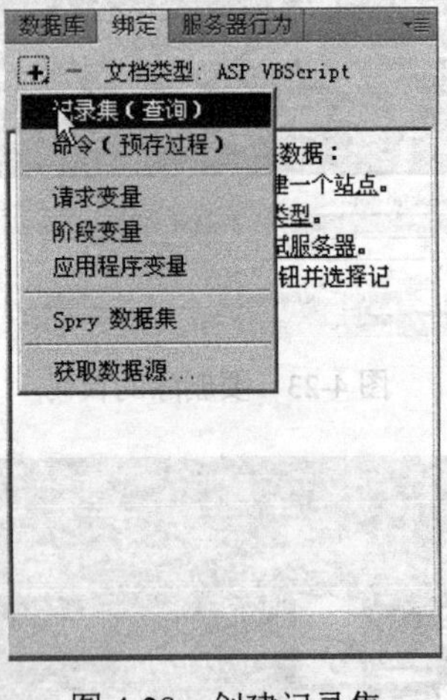

图 4-28　创建记录集

（2）选择“记录集（查询）”选项，弹出“记录集”对话框，并输入记录集的名称、选择已建立的连接和相应的数据表等，如图 4-29 所示，单击“测试”按钮，如果弹出如图 4-30 所示的提示对话框并显示记录集结果，说明记录集创建成功，单击“确定”按钮，完成记录集的创建。

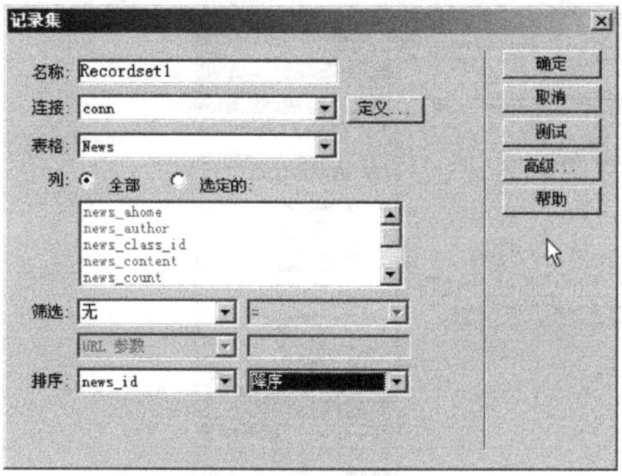

图 4-29　“记录集”对话框

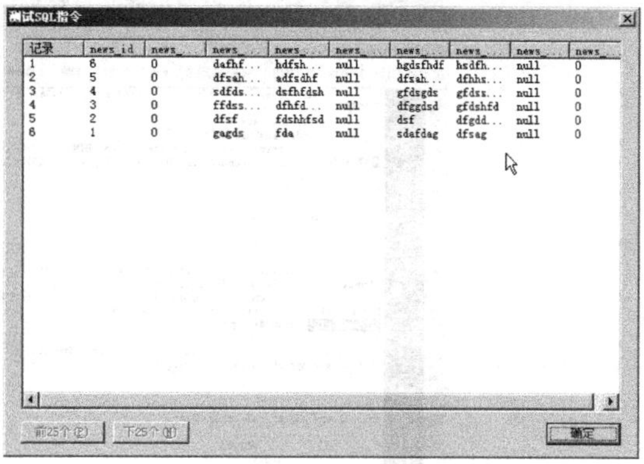

图 4-30　测试结果

（3）选中如图 4-31 所示的代码“百度大规模打击‘山寨’快递公司”链接文字，并将其删除，在“绑定”面板中展开新建的记录集 Recordset1，选择 news_title 选项，单击“绑定”面板右下角的“插入”按钮，结果如图 4-32 所示。

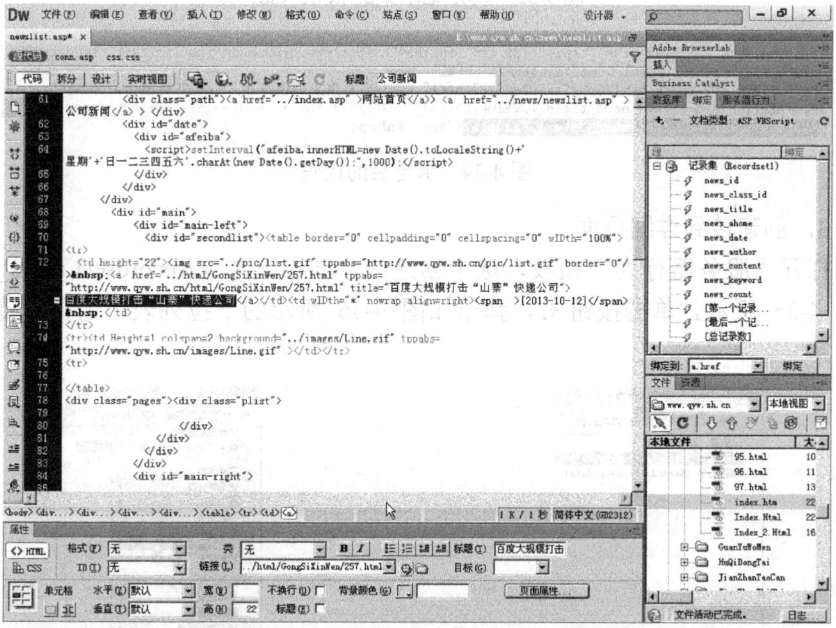

图 4-31　绑定记录集的 news_title

```
<td height="22"><img src="../pic/list.gif" tppabs="http://www.qyw.sh.cn/pic/list.gif" border="0"/
> <a  href="../html/GongSiXinWen/257.html" tppabs=
"http://www.qyw.sh.cn/html/GongSiXinWen/257.html" title="百度大规模打击“山寨”快递公司"><%=(
Recordset1.Fields.Item("news_title").Value)%></a></td><td wIDth="*" nowrap align=right><span  >
[2013-10-12]</span> </td>
```

图 4-32　绑定后的代码

（4）选中如图 4-33 所示的新闻日期代码，如“[2013-10-12]”字符，并将其删除，在“绑定”面板中展开新建的记录集 Recordset1，选择 news_date 选项，单击“绑定”面板右下角的“插入”按钮，结果如图 4-34 所示。

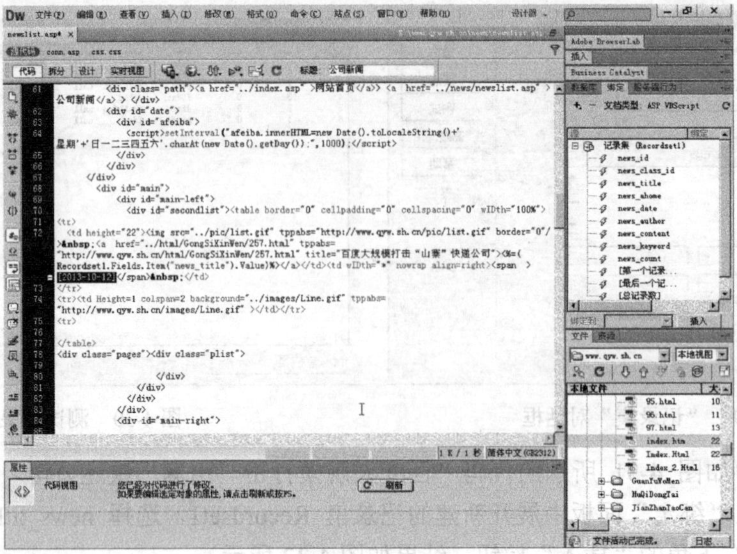

图 4-33　绑定记录集的 news_date

```
<td height="22"><img src="../pic/list.gif" tppabs="http://www.qyw.sh.cn/pic/list.gif" border="0"/
> <a href="../html/GongSiXinWen/257.html" tppabs=
"http://www.qyw.sh.cn/html/GongSiXinWen/257.html" title="百度大规模打击“山寨”快递公司"><%=(
Recordset1.Fields.Item("news_title").Value)%></a></td><td wIDth="*" nowrap align=right><span ><%=(
Recordset1.Fields.Item("news_date").Value)%></span> </td>
```

图 4-34　绑定后的代码

步骤 3. 创建转到详细页面。

（1）打开“服务器行为”面板，选中创建的“动态文本（Recordset1.news_title）”选项，如图 4-35 所示。单击按钮+，弹出如图 4-36 所示的下拉列表，选择“转到详细页面”选项。

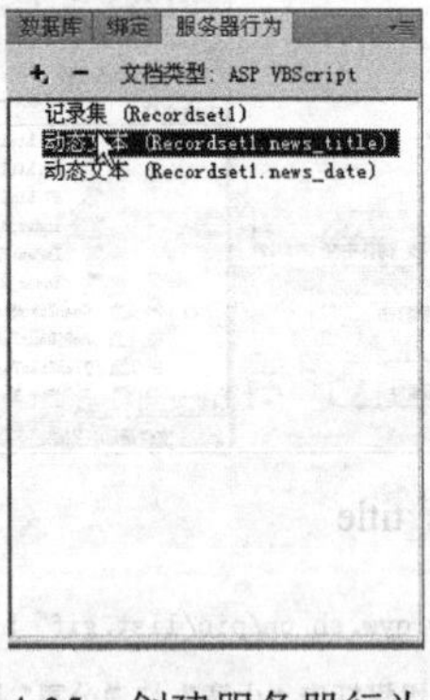

图 4-35　创建服务器行为

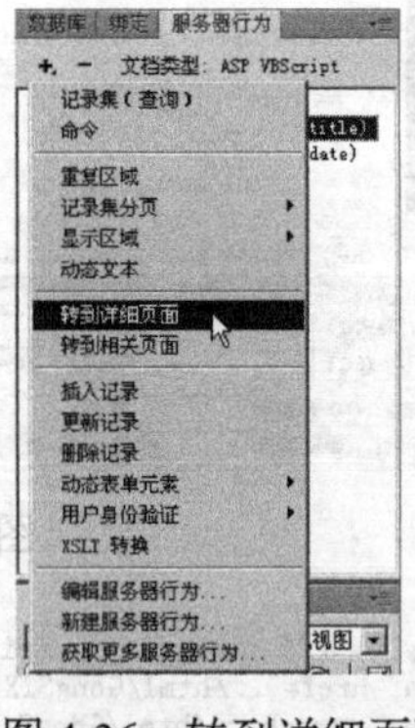

图 4-36　转到详细页面

（2）弹出“转到详细页面”的对话框如图 4-37 所示，单击“浏览”按钮，弹出“选择文件”对话框，如图 4-38 所示，选择相应的详细页面，单击“确定”按钮，返回“转到详细页面”对话框，再次单击“确定”按钮，完成“转到详细页面”的设置，代码如图 4-39 所示。

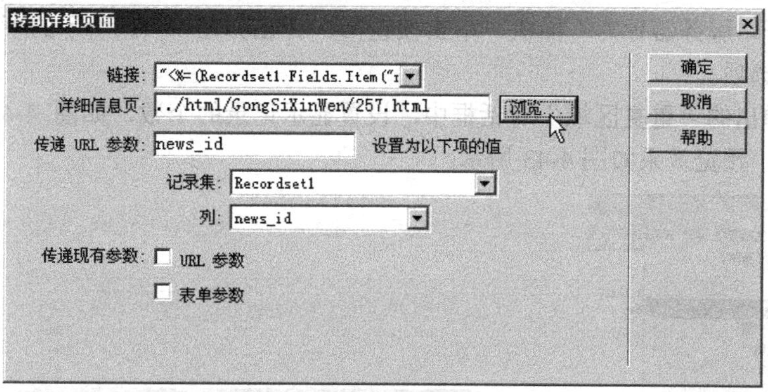

图 4-37 “转到详细页面”对话框

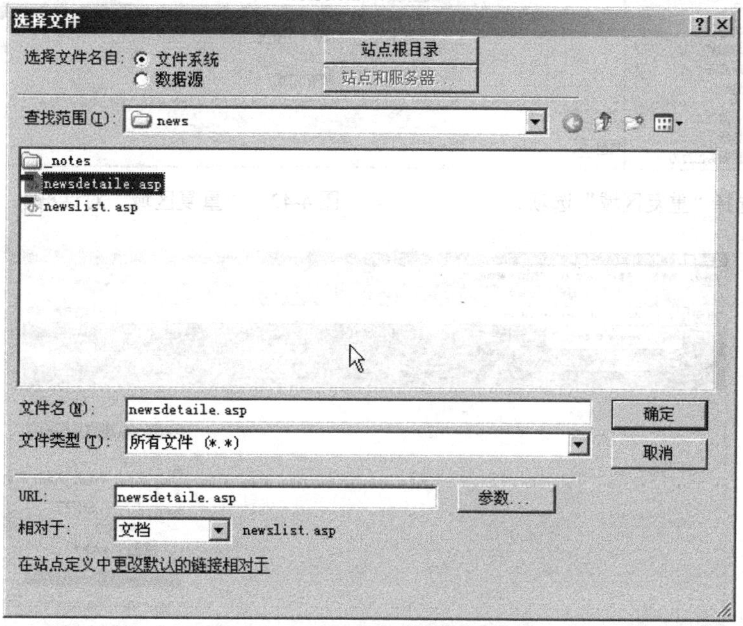

图 4-38 选择详细页面文档

```
<td height="22"><img src="../pic/list.gif" tppabs="http://www.qyw.sh.cn/pic/list.gif" border="0"/
> <a  href="newsdetaile.asp?<%= Server.HTMLEncode(MM_keepNone) & MM_joinChar(MM_keepNone) &
"news_id=" & Recordset1.Fields.Item("news_id").Value %>" ><%=(Recordset1.Fields.Item("news_title").
Value)%></a></td><td wIDth="*" nowrap align=right><span  ><%=(Recordset1.Fields.Item("news_date").
Value)%></span> </td>
```

图 4-39 添加“转到详细页面”后的代码

步骤 4. 创建重复区域。

（1）选中如图 4-40 所示的代码。

```
<tr>
  <td height="22"><img src="../pic/list.gif" tppabs="http://www.qyw.sh.cn/pic/list.gif" border="0"/
> <a  href="newsdetaile.asp?<%= Server.HTMLEncode(MM_keepNone) & MM_joinChar(MM_keepNone) &
"news_id=" & Recordset1.Fields.Item("news_id").Value %>" ><%=(Recordset1.Fields.Item("news_title").
Value)%></a></td><td wIDth="*" nowrap align=right><span  ><%=(Recordset1.Fields.Item("news_date").
Value)%></span> </td>
</tr>
<tr><td Height=1 colspan=2 background="../images/Line.gif" tppabs=
"http://www.qyw.sh.cn/images/Line.gif" ></td></tr>
```

图 4-40 选中代码

（2）打开“服务器行为”面板，单击按钮[+]，弹出如图 4-41 所示的下拉列表，选择“重复区域”选项。

（3）在弹出的“重复区域”对话框中，设置显示记录的个数，如图 4-42 所示，单击“确定”按钮，预览效果如图 4-43 所示。

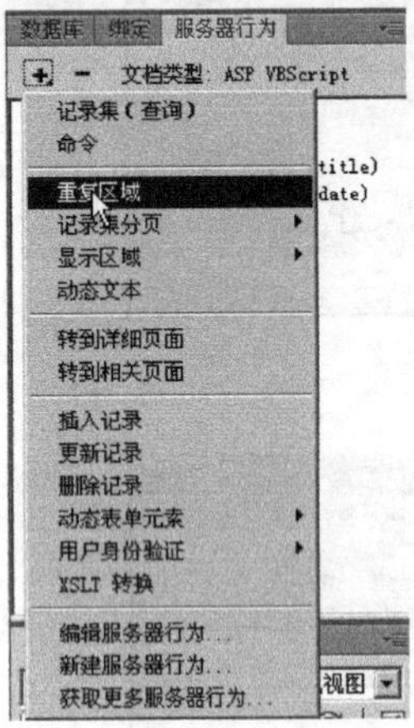

图 4-41　选择“重复区域”选项

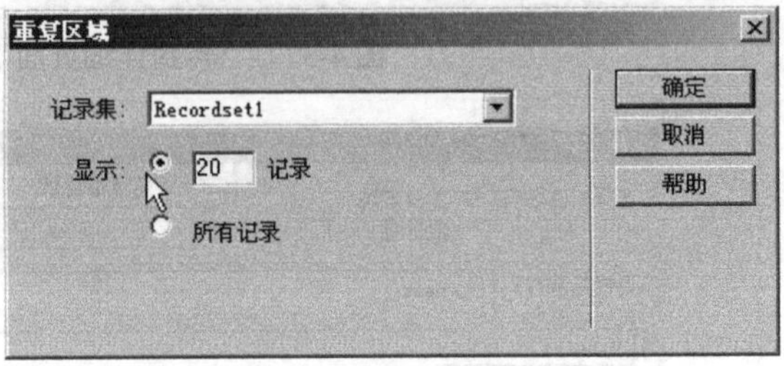

图 4-42　“重复区域”对话框

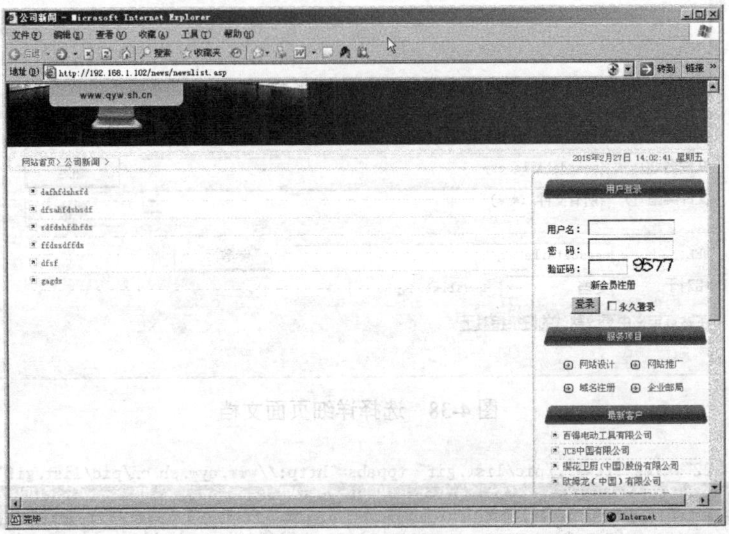

图 4-43　预览效果

步骤 5. 创建记录集导航。

（1）在新闻列表的下方插入一个 1 行 4 列的表格，插入后的代码如图 4-44 所示。

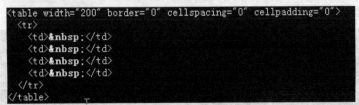

```
<table width="200" border="0" cellspacing="0" cellpadding="0">
  <tr>
    <td> </td>
    <td> </td>
    <td> </td>
    <td> </td>
  </tr>
</table>
```

图 4-44　插入表格的代码

（2）选中表格的第一个单元格，单击“服务器行为”面板中的按钮＋，从弹出的下拉列表中选择“记录集分页”→“移至第一条记录”选项，如图 4-45 所示，弹出“移至第一条记录”对话框，如图 4-46 所示，单击“确定”按钮。

图 4-45　选择“移至第一条记录”选项

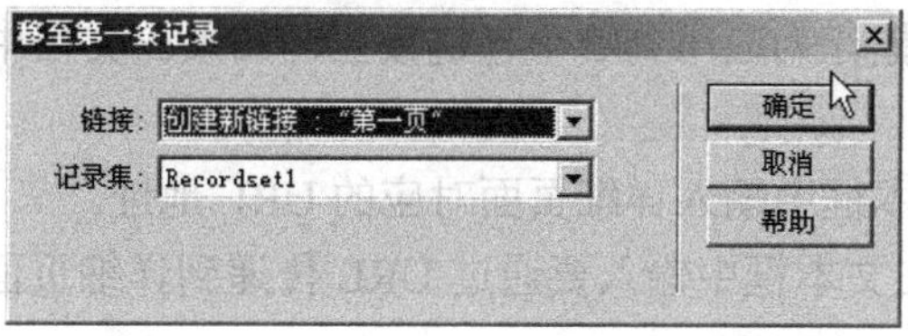

图 4-46　“移至第一条记录”对话框

（3）重复步骤（2）的操作，分别在第二个单元格内插入“前一页”链接；在第三个单元格内插入“下一页”链接；在第四个单元格内插入“最后一页”链接，完成整个新闻列表页面的制作，预览效果如图 4-47 所示。

图 4-47　预览效果

知识链接

1.“记录集”对话框中各选项的说明

名称：用于设置记录集的名称，默认为 Recordset1。

连接：用于选择数据库的连接。如已创建，则可在下拉列表中直接选择。

表格：用于选择为记录集提供数据的数据库表。

列：用于显示数据库表中的字段。默认选择为“全部”，也可选择一部分。

筛选：用于进一步限制从表中返回的记录，根据指定的筛选条件筛选出表中符合条件的记录。

排序：对返回的记录进行排序，有升序和降序两种排序方式。

测试：测试是否能连接到数据库中的表，并返回数据库表中的记录。

高级：用于通过 SQL 创建多个条件的查询。

2. 重复区域

“重复区域”服务器行为允许在网页页面中显示记录集中的记录个数。

3. 转到详细页面

“转到详细页面”服务器行为可以将信息或参数从一个页面传递到另一个页面。

“转到详细页面”对话框中各选项的说明如下。

链接：可以选择要把行为应用到哪个超链接上，如果在文档中选择了动态内容，则会自动选择该内容。

详细信息页：在文本框中输入详细页面对应的 URL 地址。

传递 URL 参数：在文本框中输入要通过 URL 传递到详细页面中的参数名称，然后设置记录集和列的值。

URL 参数：表明将结果页面由 URL 参数传递到页面上。

表单参数：表明将结果页面中的表单值以 URL 参数的方式传递到详细页面上。

试一试

使用 Dreamweaver CS6 打开“素材\项目 4\示例\原始文件\01-03\www.qyw.sh.cn \html\jianzhanzhishi”文件夹中的“index.html”文档，对页面进行修改，制作以动态方式来显示建站知识列表信息的页面。

任务 3　新闻详细页面制作

任务目标

（1）了解新闻页面的一般组成；

（2）巩固“记录集”的应用；

（3）巩固“记录导航条”的应用。

任务描述

使用 Dreamweaver CS6 将原来的静态新闻详细页面修改为动态新闻详细页面。

任务分析

在新闻列表页面中，以列表的形式将新闻标题和新闻发布时间显示出来供浏览者访问，选中新闻标题即可进入新闻详细页面。在显示新闻详细页面时，超链接以 URL 参数的形式传递浏览者选择的记录的 ID，详细页面以此记录的 ID 在数据库表中查找相应的记录并显示该记录。

操作步骤

步骤 1. 修改静态新闻详细页面。

（1）使用 Dreamweaver CS6 打开网站目录\www.qyw.sh.cn\html\GongSiXinWen 中的“257.htm”文档，将其另存到\www.qyw.sh.cn\html\GongSiXinWen 目录中，文档名为“newsdetaile.asp”。

（2）将页面中的静态新闻内容全部删除。

（3）在文档的代码中找到<iframe></iframe>标记，并将如图 4-48 所示的代码修改为如下代码。

```
<iframe src="-" tppabs="http://www.qyw.sh.cn/html/GongSiXinWen/*"></iframe>
</noscript>        <div class="time">
          <div class="path"><a href="../../index.htm" tppabs="http://www.qyw.sh.cn/">网站首页</a>
```

图 4-48　要修改的代码

修改后的代码如下。

```
    <iframe src="../news/-"tppabs="http://www.qyw.sh.cn/news/*"></iframe>
    </noscript>        <div class="time">
            <div class="path"><a href="../../index.asp">网站首页</a>> <a
href="index.asp" >
```

（4）修改详细页面的“网站首页”链接如下。

```
    <a href="../../index.asp" tppabs="http://www.qyw.sh.cn/">网站首页</a>
```

步骤 2. 为详细页面创建记录集。

在“绑定”面板中单击按钮 + ，在弹出的下拉列表中选择“记录集（查询）”选项，弹出“记录集”对话框，并输入记录集的名称、选择已建立的连接和相应的数据表等，单击“确定”按钮，完成记录集的创建。

步骤 3. 修改文档的标题。

在文档的代码中找到<title></title>标记，将标记中的原来内容删除，然后将记录集中的 news_title 插入到<title></title>中，如图 4-49 所示。

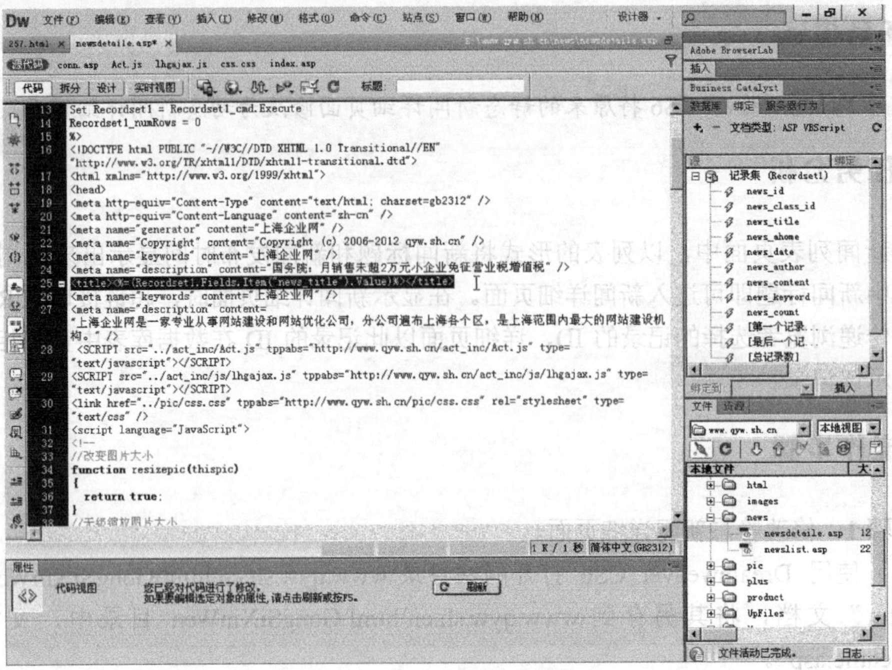

图 4-49 修改静态页面的标题

步骤 4. 修改页面中显示新闻的标题。

（1）在“代码”视图中找到“国务院：月销售未超 2 万元小企业免征营业税增值税”字符并删除，将记录集中的 news_title 插入，如图 4-50 所示。

```
<iframe src="../news/-" tppabs="http://www.qyw.sh.cn/news/*"></iframe>
</noscript>     <div class="time">
          <div class="path"><a href="../index.asp">网站首页</a>> <a  href="../news/newslist.asp"
>公司新闻</a>><%=(Recordset1.Fields.Item("news_title").Value)%></div>
```

图 4-50 修改后的标题代码

（2）修改页面正文中的新闻标题、作者和时间。选中页面正文中的新闻标题、作者、时间，如图 4-51 所示，并将其删除，将记录集中的 news_title、news_author、news_date 插入到相应位置，如图 4-52 所示。

```
<div id="conlist" style="height:auto">
    <div id="artitle">百度大规模打击“山寨”快递公司
    </div>
    <div id="uptime">作者：<a href="" target="_blank">上海企业网</a>   来源：<a href=""
target="_blank">凤凰资讯</a>   点击数：<Script Language="Javascript" Src="../../index.asp" tppabs=
"http://qyw.sh.cn/Plus/ACT.Hits.asp?ModeID=1&ID=257"></Script>   更新时间：2013年10月12日  <script
Language=Javascript>function ContentSize(size){document.all.ContentArea.style.fontSize=size+"px";
}</script>【字体：<A href="javascript:ContentSize(16)">大</A> <A href="javascript:ContentSize(14)">
中</A> <A href="javascript:ContentSize(12)">小</A>】                    </div>
```

图 4-51 页面正文中的新闻标题、作者和时间的相关代码

```
<div id="conlist" style="height:auto">
    <div id="artitle"><%=(Recordset1.Fields.Item("news_title").Value)%></div>
    <div id="uptime">作者：<%=(Recordset1.Fields.Item("news_author").Value)%>
更新时间：<%=(Recordset1.Fields.Item("news_date").Value)%>  </div>
    <div id="arcon" style="height:auto">
```

图 4-52 修改后的代码

步骤 5. 修改页面正文内容。

选中页面中的正文内容并将其删除，将记录集中的 news_content 插入到正文中，结果如图 4-53 所示。

图 4-53 绑定记录集中各项后的结果

步骤 6. 为新闻详细页添加“上一篇”、“下一篇”链接。

在新闻内容的下方，添加“移至前一条记录”和“移至下一条记录”服务器行为，并修改为“上一篇”和“下一篇”，结果如图 4-54 所示。

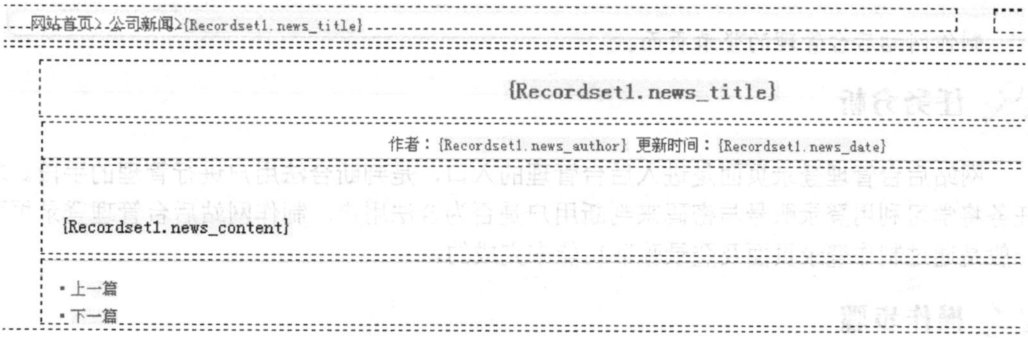

图 4-54 详细页面的记录导航条

知识链接

1. 记录导航条

如果指定的每页记录数是有限的，并且请求的记录数可能超过这个数字，则可通过添加记录导航链接使用户能够查看其他记录。

记录导航条包括：移至第一条记录、移至前一条记录、移至下一条记录、移至最后一条记录。

2. 显示区域

可以根据条件动态显示记录导航超链接。显示区域包括：如果记录集为空，则显示区域；如果记录集不为空，则显示区域；如果为第一条记录，则显示区域；如果不是第一条记录，则显示区域；如果为最后一条记录，则显示区域；如果不是最后一条记录，则显示区域。

试一试

使用 Dreamweaver CS6 打开“素材\项目 4\示例\原始文件\01-03\www.qyw.sh.cn \html\jianzhanzhishi”文件夹中的“253.html”文档，对页面进行修改，制作建站知识的动态详细页面。

任务4 制作后台管理登录页面

任务目标

（1）了解网站的安全机制；
（2）掌握表单对象的应用；
（3）掌握用户身份验证的操作方法。

任务描述

制作网站后台管理的登录页面。

任务分析

网站后台管理登录页面是进入后台管理的入口，是判断合法用户进行管理的手段。本任务将学习利用登录账号与密码来判断用户是否为合法用户。制作网站后台管理登录页面一般是通过制作登录页面及登录验证功能来完成的。

操作步骤

步骤 1．规划并创建数据库表。

数据库中管理员表的规划如表 4-3 所示。

表 4-3 管理员表的规划

字段名	类型	大小	说明
ID	自动编号		
a_name	管理员名		
a_pass	管理员口令		

步骤 2．制作静态登录页面。

（1）选择“文件”→“新建”命令，在弹出的“新建文档”对话框中依次选择“空白页”→“ASP VBScript”→“无”，单击“创建”按钮，打开网页的文档窗口，选择“文件”→“保存”命令，将其保存在\www.qyw.sh.cn\admin 文件夹中，文档名为 login.asp。

（2）选择“插入”→“表格”命令，插入一个 1 行 1 列的表格，表格宽 100%，表格高 100%，背景为\www.qyw.sh.cn\admin\images\bg.jpg 。

（3）将光标定位在表格中，设置单元格水平居中与垂直居中。

（4）在该表格中插入一个 1 行 1 列的表格，宽 360 像素，高 190 像素。选择“插入”→“SWF”命令，将\www.qyw.sh.cn\admin\images 文件夹中的 admin_m.swf 动画插入到表格中，如图 4-55 所示。

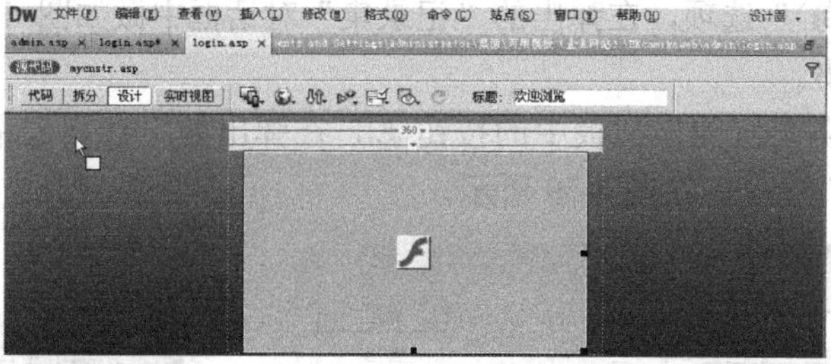

图 4-55 插入 Flash 动画

（5）在刚插入表格的下方制作如图 4-56 所示的表格，在相应的单元格内输入“用户名”和“口令”。

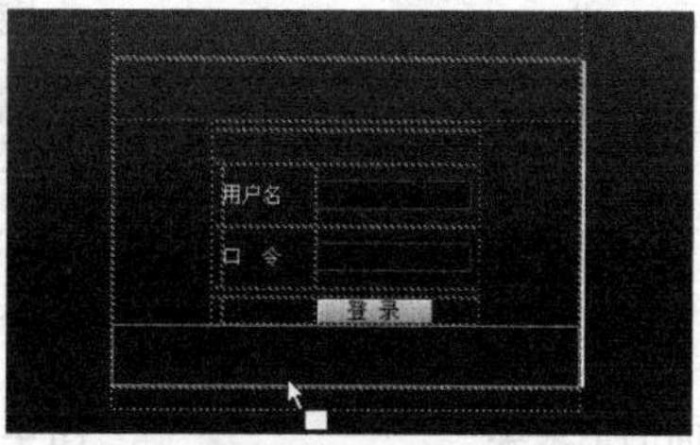

图 4-56 插入表单及相应控件

（6）在图 4-56 所示的表格中的“用户名”后，选择“插入”→“表单”→“文本域”命令，插入一个文本域，选中该文本域，设置文本域的名称为 username。

（7）在图 4-56 所示的表格中的“口令”后，选择“插入”→“表单”→“文本域”命令，插入一个文本域，选中该文本域，设置文本域的名称为 password。

（8）在图 4-56 所示的表格中的“口令”下方的单元格中，选择“插入”→“表单”→“图像域”命令，在弹出的对话框中选择图片\www.qyw.sh.cn\admin\images\bt_login.gif。

（9）完成登录页面的制作，如图 4-57 所示。

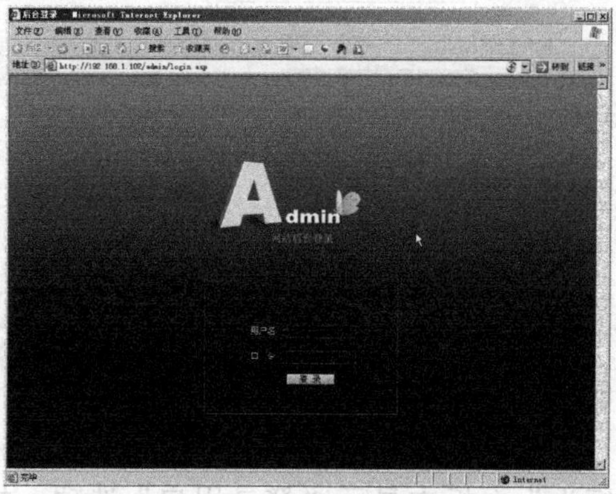

图 4-57 登录页面效果

步骤 3. 设置登录页面的登录验证。

（1）在 login.asp 文档窗口中，单击“绑定”面板中的按钮 ，在弹出的下拉列表中选择“记录集（查询）”选项，在弹出的“记录集”对话框中做如图 4-58 所示的设置，为登录页面创建记录集。

（2）单击“服务器行为”面板中的按钮 ，在弹出的下拉列表中选择“用户身份验证”→“登录用户”命令，如图 4-59 所示。

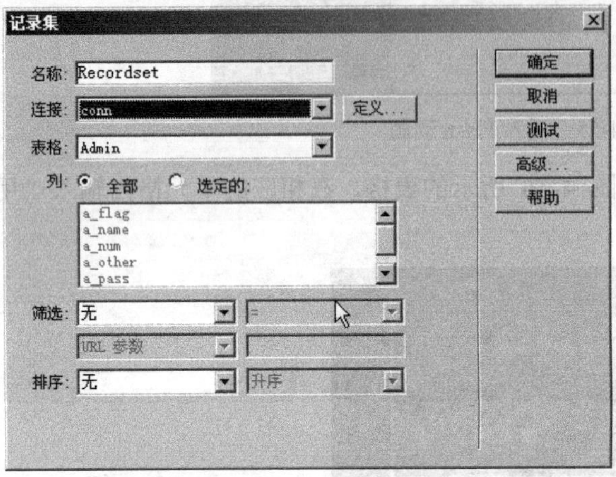

图 4-58　创建登录页面的记录集

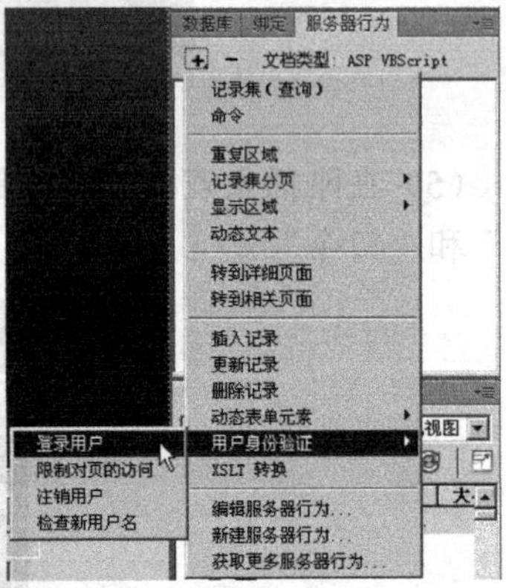

图 4-59　添加“登录用户”服务器行为

（3）在弹出的“登录用户”对话框中，“使用连接验证”选择“conn”选项；“表格”选择“Admin”选项；“用户名列”选择“a_name”选项；“密码列”选择“a_pass”选项；如果登录成功，则转到\www.qyw.sh.cn\admin\admin.asp；如果登录失败，则转到\www.qyw.sh.cn\admin\login.asp，如图 4-60 所示，单击“确定”按钮，完成“登录用户”的设置。

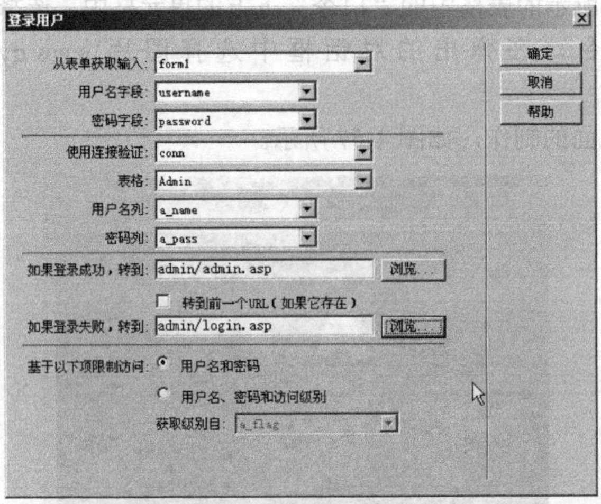

图 4-60　“登录用户”对话框

（4）此时“服务器行为”面板中显示“登录用户”选项，如图 4-61 所示，保存文档，完成登录页面的制作。

图 4-61 完成登录用户的添加

知识链接

1. 用户身份验证

用户身份验证用于限制用户对网站相关数据的添加、修改和删除，一般是当浏览者要访问受限制的页面时进行验证，通常是先登录，验证用户名和密码是否合法，再决定是否允许进入。

用户身份验证包括如下几个方面。

登录用户：用于制作登录页面，在登录页面中验证表单输入的用户名和密码是否与数据库中的数据相匹配。

限制对页面的访问：用于设置没有经过登录验证时不能访问的页面。

注销用户：与登录用户是一个相反的过程，主要用于注销登录用户。

检查新用户名：用于验证在表单中新添加的内容是否在数据库中存在。

2. “登录用户”对话框参数说明

从表单获取输入：选择接收哪一个表单的提交。

用户名字段：选择用户名对应的文本框。

密码字段：选择用户密码对应的文本框。

使用连接验证：确定使用哪一个数据库连接。

表格：确定使用数据库中的哪一个数据表。

用户名列：选择用户名对应的字段。

密码列：选择用户密码对应的字段。

如果登录成功，转到：将用户引导到指定的页面。

如果登录失败，转到：将用户引导到指定的页面。

基于以下项限制访问：选择验证级别。

试一试

将素材中“\素材\项目 4\试一试\原始文件\04”文件夹中提供的数据库和素材复制到硬盘中，根据提供的素材，尝试自己做一个网站的后台登录页面，文件名为 admin_login.asp。

任务5 新闻列表管理页面制作

任务目标

（1）了解新闻列表页面的组成；
（2）巩固“记录集”的应用；
（3）巩固“重复区域”的应用；
（4）巩固“转到详细页面”的应用；
（5）巩固“表单”在页面中的应用；
（6）掌握“限制对页的访问”的实现方法及应用。

任务描述

制作网站后台的新闻列表管理页面。

任务分析

新闻列表页面用于显示新闻编号、新闻栏目、新闻标题及发布时间等信息，制作新闻列表页面并显示上述信息。

本任务通过创建记录集、定义重复区域、绑定动态数据、转到详细页面和限制对页的访问等服务器行为来实现新闻列表页面的制作。

操作步骤

步骤 1．制作新闻列表管理静态页面。

（1）使用 Dreamweaver CS6 打开网站目录\www.qyw.sh.cn\html\GongSiXinWen 中的“257.htm”文档，将其另存到\www.qyw.sh.cn\admin 文件夹中，名称为 news_admin.asp。

（2）修改页面的导航栏目，修改后如图 4-62 所示，修改后的链接代码如图 4-63 所示。

图 4-62 修改效果

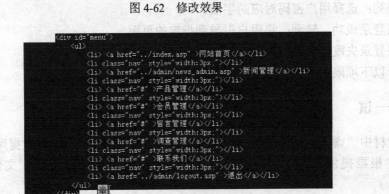

```
<div id="menu">
    <ul>
        <li> <a href="../index.asp" >网站首页</a></li>
        <li class="nav" style="width:3px;"></li>
        <li> <a href="../admin/news_admin.asp" >新闻管理</a></li>
        <li class="nav" style="width:3px;"></li>
        <li> <a href="#" >产品管理</a></li>
        <li class="nav" style="width:3px;"></li>
        <li> <a href="#" >会员管理</a></li>
        <li class="nav" style="width:3px;"></li>
        <li> <a href="#" >留言管理</a></li>
        <li class="nav" style="width:3px;"></li>
        <li> <a href="#" >调查管理</a></li>
        <li class="nav" style="width:3px;"></li>
        <li> <a href="#" >联系我们</a></li>
        <li class="nav" style="width:3px;"></li>
        <li> <a href="../admin/logout.asp" >退出</a></li>
    </ul>
</div>
```

图 4-63 链接代码

（3）修改页面的标题为“新闻管理”。

（4）将页面中的“百度大规模打击‘山寨’快递公司”修改为“新闻管理中心”，同时删除页面中的静态文本，结果如图 4-64 所示，将文档另存为一个静态页面模板，文件名为 moban.asp。

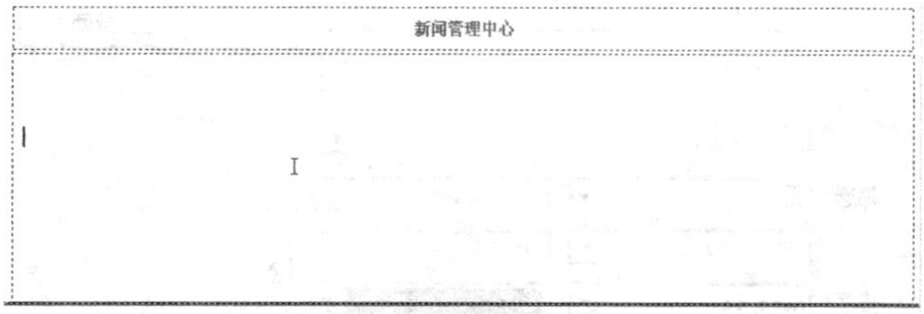

图 4-64　修改管理页面的布局

（5）在“新闻管理中心”下方的 Div 内插入一个 1 行 1 列的表格，表格宽为 700 像素，边框为 0，在表格中输入“添加新闻”文本，同时在“属性”面板中设置“添加新闻”文本的链接为\admin\news_add.asp，如图 4-65 所示。

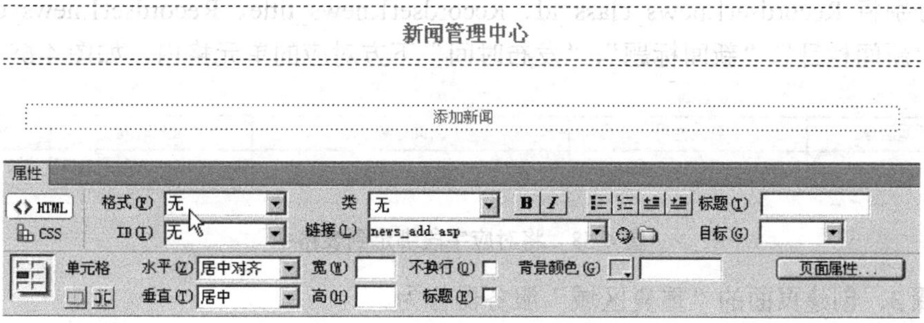

图 4-65　添加新闻链接

（6）在“添加新闻”链接的下方插入一个 2 行 5 列的表格，表格宽为 700 像素，边框为 1，并将第二行的最后一个单元格分为两个单元格；在第一行的单元格内依次输入“新闻编号”、“新闻栏目”、“新闻标题”、“发布时间”和“操作”文本，在第二行的最后两个单元格内输入“修改”和“删除”文本，文本设置为水平居中，如图 4-66 所示。

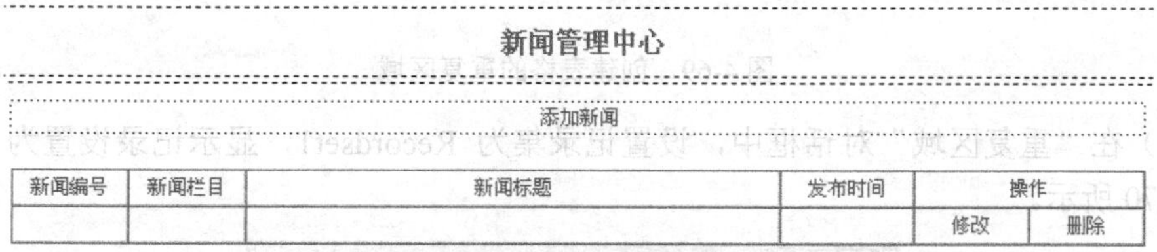

图 4-66　插入表格

步骤 2．创建页面的记录集。

（1）单击“绑定”面板中的按钮 +，从弹出的下拉列表中选择“记录集（查询）”选项，弹出“记录集”对话框，完成相应的设置后单击“确定”按钮，如图 4-67 所示。

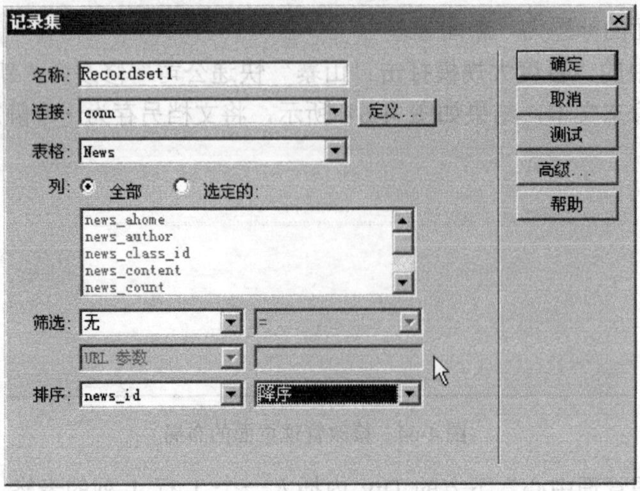

图 4-67 “记录集”对话框

（2）将记录集中的字段 Recordset1.news_id 绑定在“新闻编号”下方对应的单元格内；再分别将 Recordset1.news_class_id、Recordset1.news_title、Recordset1.news_date 字段绑定在“新闻栏目”、“新闻标题”、“发布时间”下方对应的单元格内，如图 4-68 所示。

图 4-68 将对应字段绑定到表格中

步骤 3. 创建页面的“重复区域”服务器行为。

（1）选中表格的第二行，如图 4-69 所示，单击“服务器行为”面板中的按钮 ，在弹出的下拉列表中选择“重复区域”选项，弹出“重复区域”对话框。

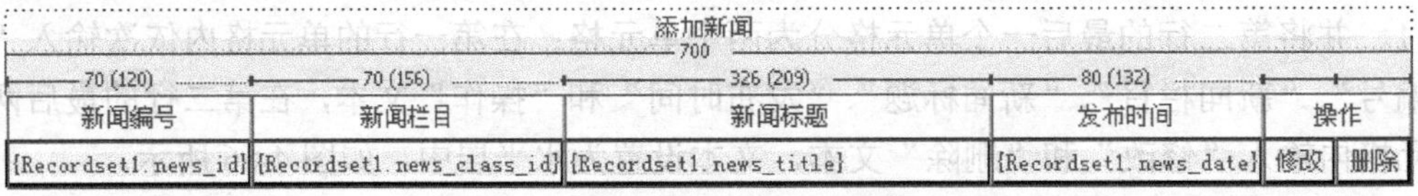

图 4-69 创建表格的重复区域

（2）在“重复区域”对话框中，设置记录集为 Recordset1，显示记录设置为“15”，如图 4-70 所示。

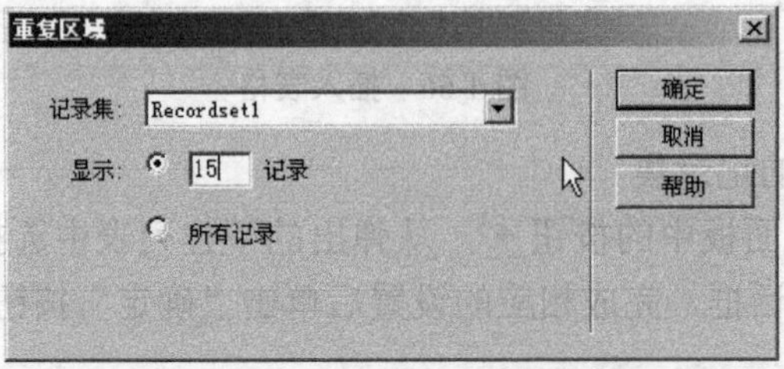

图 4-70 “重复区域”对话框

（3）设置后的效果如图 4-71 所示。

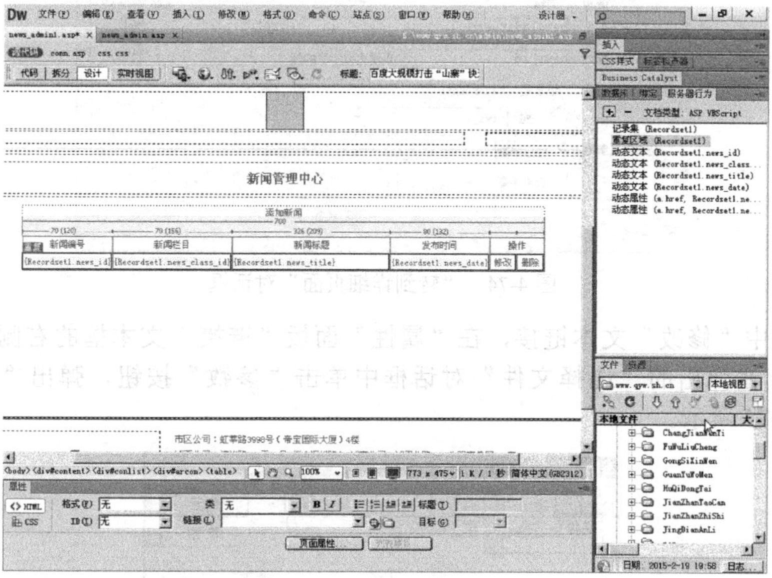

图 4-71　设置后的效果

步骤 4. 添加“记录集导航条”链接。

（1）将光标定位在文档中表格的下方，选择“插入”→“数据对象”→“记录集分页”→“记录集导航条”命令。

（2）在弹出的“记录集导航条”对话框中，设置记录集为“Recordset1”，在“显示方式”选项组中选中“文本”单选按钮，如图 4-72 所示。

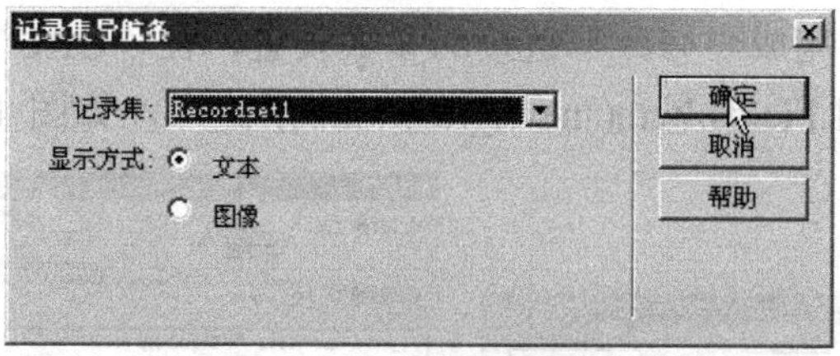

图 4-72　“记录集导航条”对话框

（3）单击“确定”按钮后，在文档中添加了导航条链接，设置后的效果如图 4-73 所示。

图 4-73　设置后的效果

步骤 5. 添加“转到详细页面”行为。

（1）选中“修改”文本，在“服务器行为”面板中单击按钮 [+]，在弹出的下拉列表中选择“转到详细页面”选项，在弹出的“转到详细页面”对话框中设置如图 4-74 所示的参数，在“传递现有参数”选项组中选中“URL 参数”复选框。

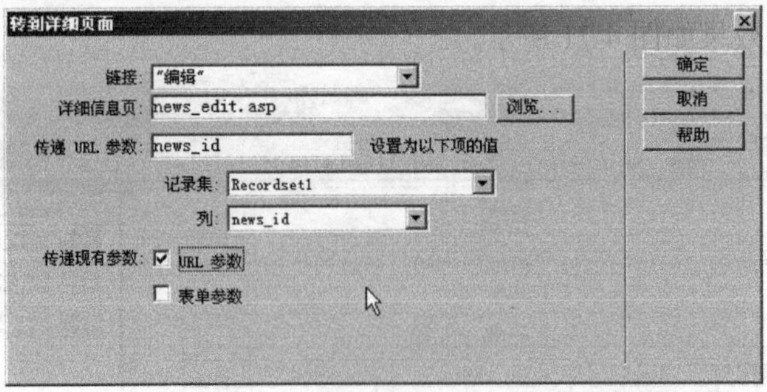

图 4-74 “转到详细页面”对话框

（2）选中“修改”文本链接，在“属性”面板“链接”文本框的右侧，单击文件夹按钮，在弹出的“选择文件”对话框中单击“参数”按钮，弹出“参数”对话框，如图 4-75 所示。

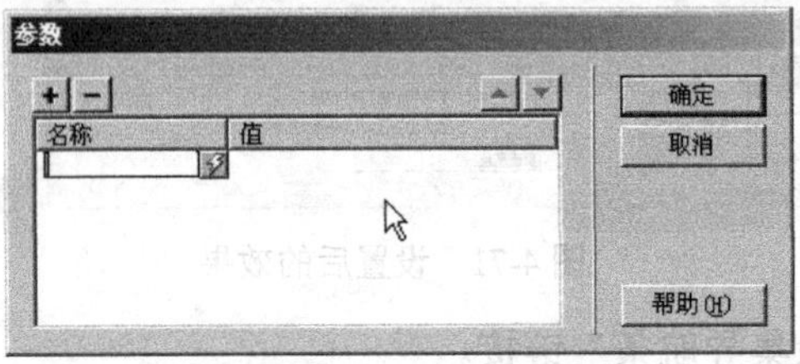

图 4-75 “参数”对话框

（3）单击“值”文本框右侧的记录集按钮，弹出“动态数据”对话框，在对话框中选择“news_id”选项，如图 4-76 所示，单击“确定”按钮，返回“参数”对话框。在“参数”对话框中单击“确定”按钮，返回“选择文件”对话框。在“选择文件”对话框中单击“确定”按钮，完成“修改”链接的参数设置，在“URL”文本框中输入“news_edit.asp?<%=(Recordset1.Fields.Item("news_id").Value)%>=”，如图 4-77 所示。

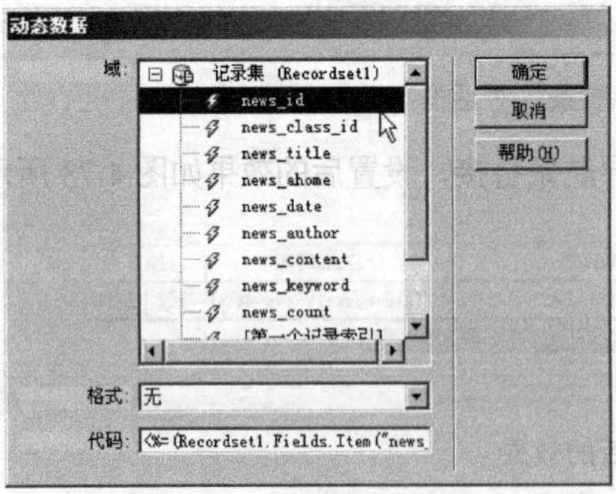

图 4-76 选择相应的字段

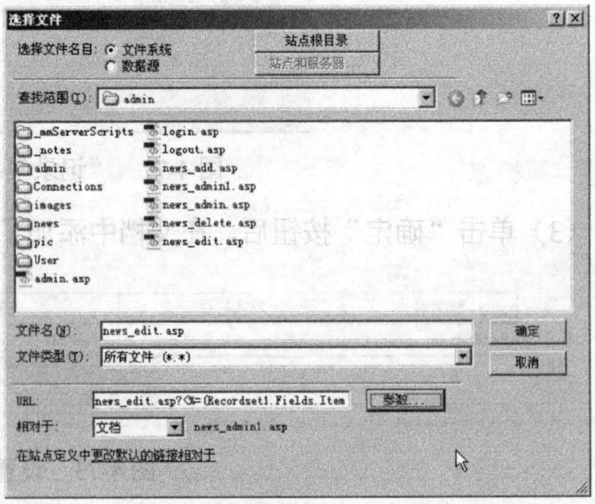

图 4-77 选择相应的文档

（4）按照步骤（1）～步骤（3）的操作方法，选择“删除”文本，设置链接的参数为“news_delete.asp?<%=(Recordset1.Fields.Item("news_id").Value)%>=”。

步骤 6. 添加“限制对页的访问”行为。

（1）在“服务器行为”面板中单击按钮，在弹出的下拉列表中选择“用户身份验证”→“限制对页的访问”选项，如图 4-78 所示。

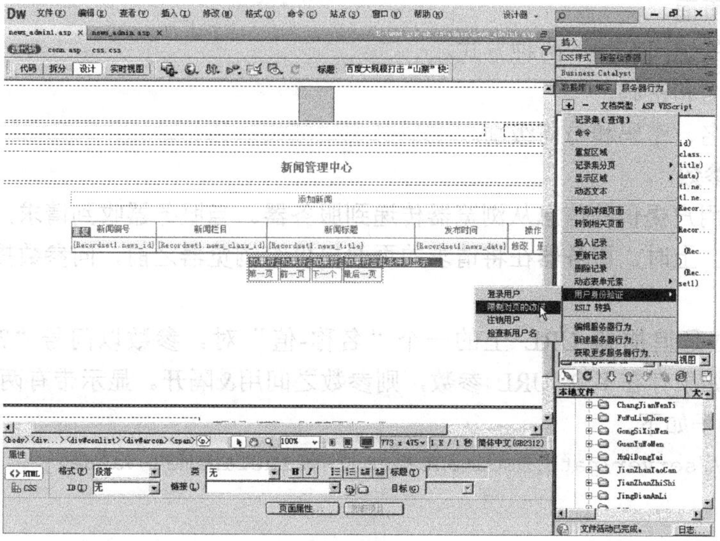

图 4-78　添加限制对页的访问行为

（2）在弹出的“限制对页的访问”对话框中选中“用户名和密码”单选按钮；在“如果访问被拒绝，则转到”文本框中输入“login.asp”，如图 4-79 所示。

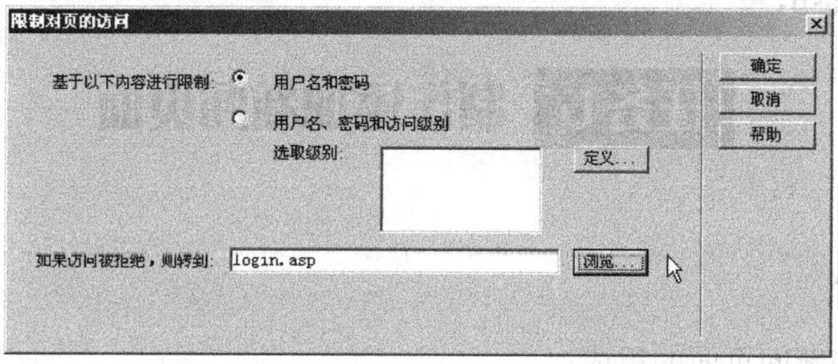

图 4-79　限制对页的访问对话框设置

（3）按【F12】键预览，先打开“登录页面”，提示输入“用户名”和“口令”，在打开的页面中单击“新闻管理”链接，预览效果如图 4-80 所示。

新闻管理中心
添加新闻
新闻编号　新闻栏目　新闻标题　发布时间　操作
119　1　dfgdfgdfgdf　2006-8-21　编辑　删除
117　1　0000000000　2005-12-10　编辑　删除
116　7　AdminAdmin　2005-11-30　编辑　删除
115　8　testtestt　2005-11-30　编辑　删除
112　1　新的新闻新　2005-11-28　编辑　删除
109　1　产品名称:测试产品　2005-11-25　编辑　删除

图 4-80　预览效果

知识链接

1. 限制对页的访问

此行为要求用户必须通过登录页面进行身份验证才能转到后台的管理页面，而用户不能直接通过地址访问网站后台的管理页面。如果未登录者直接在地址栏中输入页面地址，则跳转到登录页面。

限制对页的访问有如下两种方式。

（1）用户名和密码。

（2）用户名、密码和访问级别。

2. URL 参数

此参数将用户提供的信息从浏览器传递到服务器。当服务器收到请求，且参数被追加到请求的 URL 上时，服务器在将请求的页面提供给浏览器之前，向参数提供对请求页的访问。

URL 参数是追加到 URL 上的一个“名称-值”对。参数以问号“?”开始并采用 name=value。如果存在多个 URL 参数，则参数之间用&隔开。显示带有两个名称-值对的 URL 参数的例子如下。

```
http://server/path/document?name1=value1&name2=value2
```

试一试

将素材中“\素材\项目 4\试一试\原始文件\01-03”文件夹中提供的数据库和素材复制到硬盘中，根据提供的素材，尝试自己制作网站的后台建站知识列表管理页面，文件名为 jianzhanzhishi_list.asp。

任务 6　制作添加新闻页面

任务目标

（1）了解添加新闻页面的组成；

（2）巩固“记录集”的应用；

（3）巩固“表单”在页面中的应用；

（4）巩固“限制页面访问”的应用；

（5）掌握 Spry 验证文本域的验证方法；

（6）掌握“插入记录”的实现方法。

任务描述

制作网站后台的添加新闻管理页面。

任务分析

通过“服务器行为”面板中“插入记录”的功能及用法，完成企业网站后台管理中“添加新闻”页面的制作，从而将表单中的数据添加到数据库表中。

操作步骤

步骤 1. 制作静态“添加新闻”页面。

（1）使用 Dreamweaver CS6 打开网站目录\www.qyw.sh.cn\admin 文件夹中的 moban.asp 文档，将其另存为 news_add.asp 文档。

（2）修改页面的标题为“新闻管理”，同时将页面中的“新闻管理中心”文本修改为“添加新闻”，如图 4-81 所示。

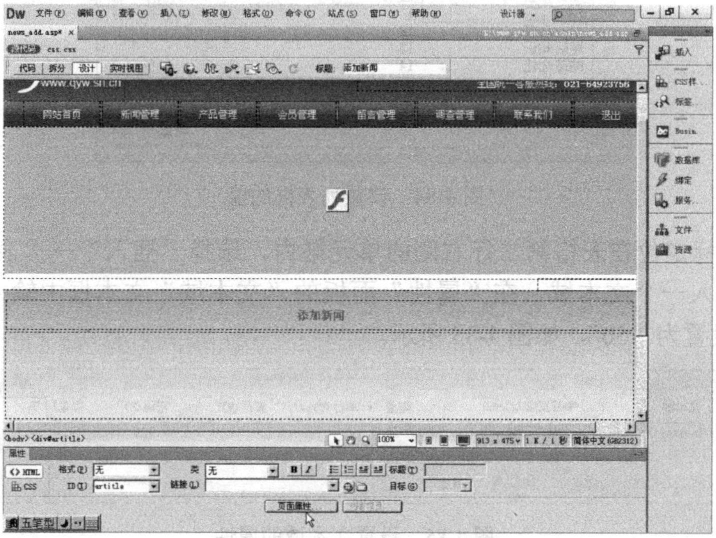

图 4-81 修改添加新闻页面

（3）将光标定位在“添加新闻”文本下方的 Div 内，选择“插入”→“表单”→“表单”命令，插入一个红色虚线框的表单区域。

（4）将光标定位在表单内，选择“插入”→“表格”命令，在表单内插入一个 4 行 2 列的表格，表格的宽度为 700 像素，边框为 1，调整表格，并在表格第一列的各单元格内输入“新闻栏目”、“新闻标题”、“新闻内容”和“发布时间”，将表格第二列设置为水平左对齐，如图 4-82 所示。

图 4-82 插入表格

（5）将光标定位在表格第一行的右侧单元格内，选择“插入”→“表单”→“选择（列表/菜单）”命令，插入一个列表框，单击插入的“列表/菜单”表单对象，在“属性”面板的“列表/菜单”文本框中输入“newslanmu”，类型设置为“列表”，如图 4-83 所示。单击“列表值”按钮，在弹出的“列表值”对话框中添加“公司新闻”、“沪企动态”、“建站知识”和“网站优化”，如图 4-84 所示，单击“确定”按钮，完成“列表/菜单”的设置。

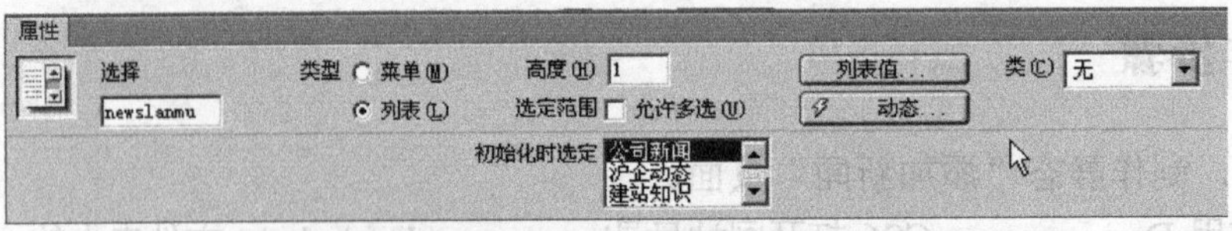

图 4-83 列表框属性设置

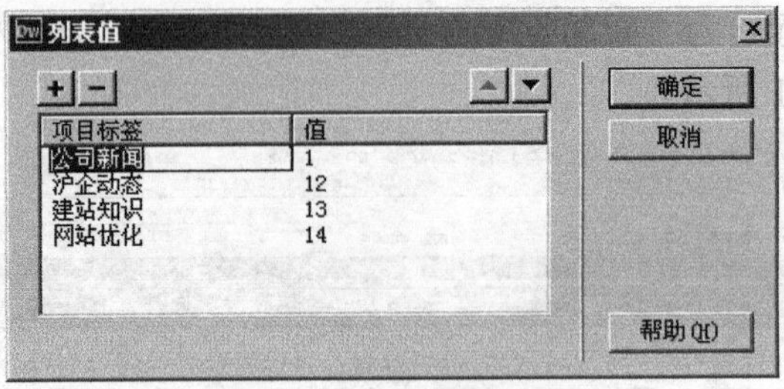

图 4-84 设置列表框的值

（6）将光标定位在表格第二行右侧的单元格内，选择“插入”→“表单”→“文本域”命令，插入一个文本域，在“属性”面板的“文本域”文本框中输入“newstitle”，“字符宽度”设置为“50”，如图 4-85 所示。

图 4-85 设置文本域的属性

（7）选中该文本域，选择“插入”→“表单”→“Spry 验证文本域”命令，为该文本域添加“Spry 验证”功能，在“属性”面板中设置“预览状态”为“必填”，在“验证于”选项组中选中“onChange”复选框，修改提示信息为“新闻标题不允许为空”，如图 4-86 所示。

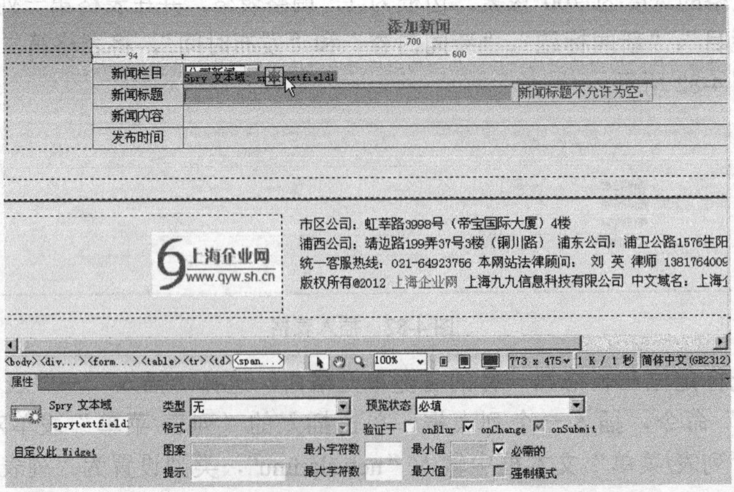

图 4-86 添加 Spry 验证

（8）将光标定位在表格第二行右侧的单元格内，选择“插入”→“表单”→“文本区区域”命令，插入一个文本区域，在“属性”面板的“文本域”文本框中输入“newscontent”，“字符宽度”设置为“50”，“行数”设置为“15”，如图 4-87 所示。

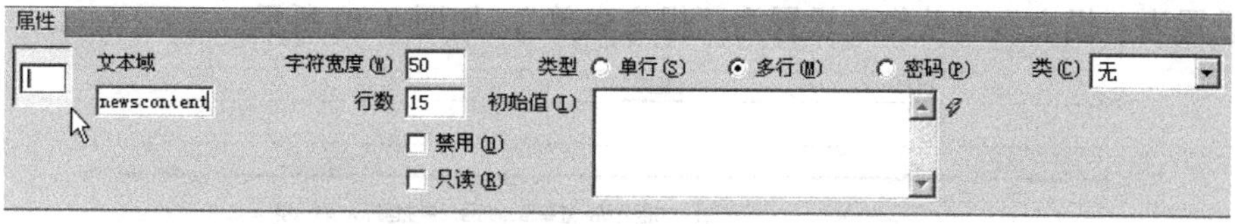

图 4-87 设置 newscontent 文本区域的属性

（9）选中该文本区域，选择“插入”→“表单”→“Spry 验证文本区域”命令，为该文本区域添加“Spry 验证”功能，在“属性”面板中设置“预览状态”为“必填”，在“验证于”选项组中选中“onChange”复选框，修改提示信息为“新闻内容不允许为空”，如图 4-88 所示。

（10）将光标定位在表格最后一行的右侧单元格内，选择“插入”→“表单”→“隐藏域”命令，选中该隐藏域，在“属性”面板的“隐藏区域”文本框中输入“newstime”，在“值”文本框中输入“<%=now()%>”，如图 4-89 所示。<%=now()%>是 ASP 代码，表示输出当前系统时间。

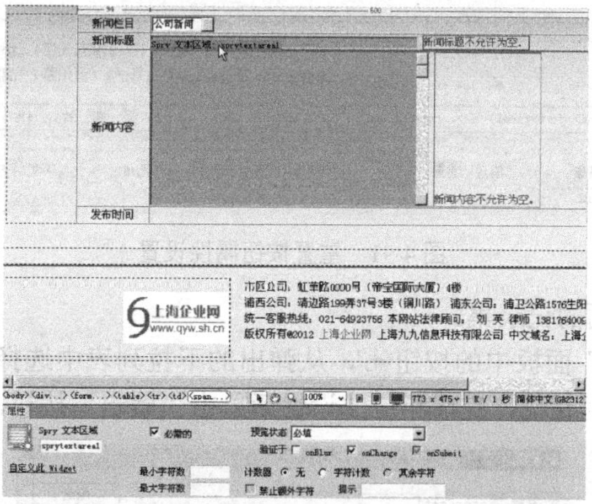

图 4-88 添加 Spry 验证

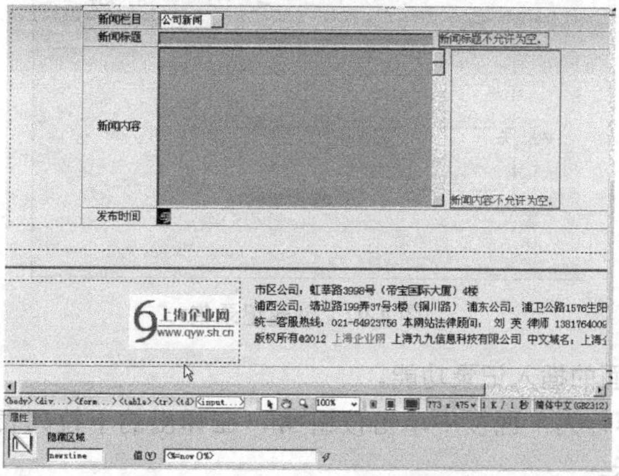

图 4-89 设置隐藏域的属性

（11）将光标定位在表单中表格的右侧并按 Enter 键，将光标移到表格的下方正中间，选择“插入”→“表单”→“按钮”命令，选中插入的按钮，在“属性”面板中“值”设置为“提交”，“动作”设置为“提交表单”，如图 4-90 所示。

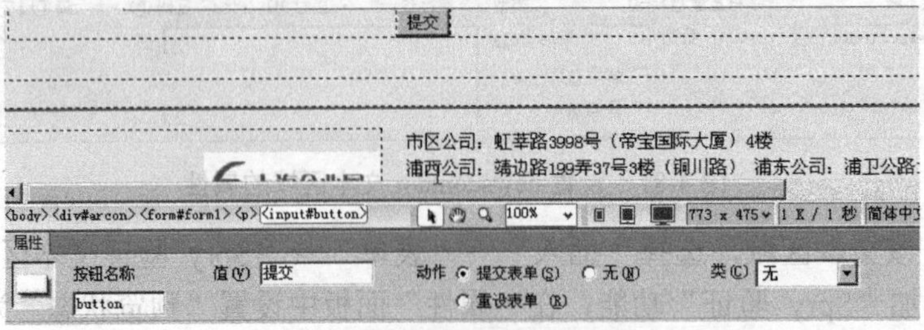

图 4-90　提交按钮属性的设置

（12）将光标定位在“提交”按钮的右侧，选择“插入”→“表单”→“按钮”，选中插入的按钮，在“属性”面板中“值”设置为“重置”，“动作”设置为“重设表单”，如图 4-91 所示。

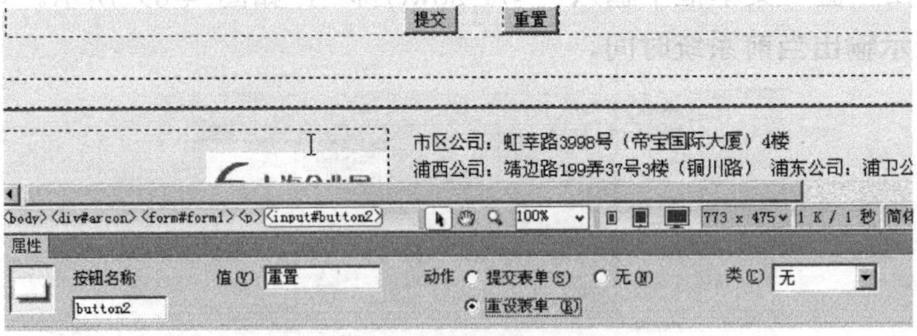

图 4-91　重置按钮属性设置

步骤 2．创建页面的记录集。

（1）单击“绑定”面板中的按钮+，从弹出的下拉列表中选择“记录集（查询）”选项，弹出“记录集”对话框，完成相应的设置后单击“确定”按钮，如图 4-92 所示。

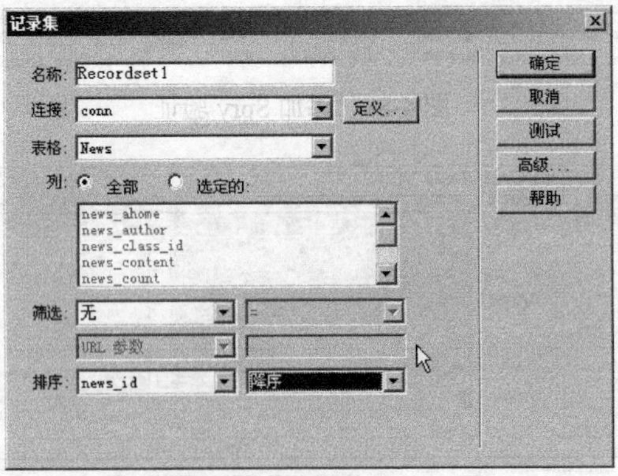

图 4-92　创建记录集

步骤 3．创建页面的插入记录功能。

（1）在“服务器行为”面板中单击按钮+，在弹出的下拉列表中选择“插入记录”选项，如图 4-93 所示。

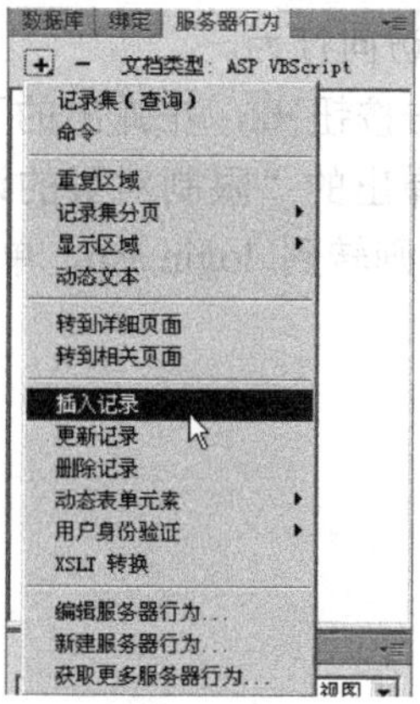

图 4-93 选择“插入记录”选项

（2）在弹出的“插入记录”对话框中，在“连接”下拉列表中选择“conn”；在“插入到表格”下拉列表中选择“News”；在“插入后，转到”文本框中输入“news_admin.asp”；在“获取值自”下拉列表中选择“form1”，如图 4-94 所示。

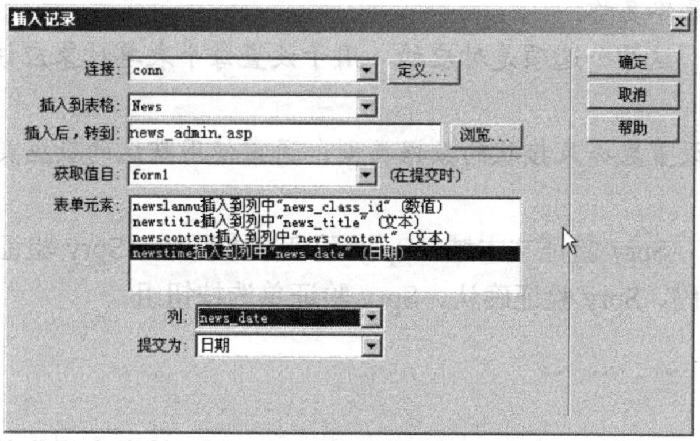

图 4-94 “插入记录”对话框

（3）在“表单元素”文本区域中选中“newslanmu<忽略>”所在行，在“列”下拉列表中选择“news_class_id”选项，依次将“表单元素”文本区域中其他行的元素与“列”下拉列表中的字段一一对应，设置后的效果如图 4-95 所示，保存页面。

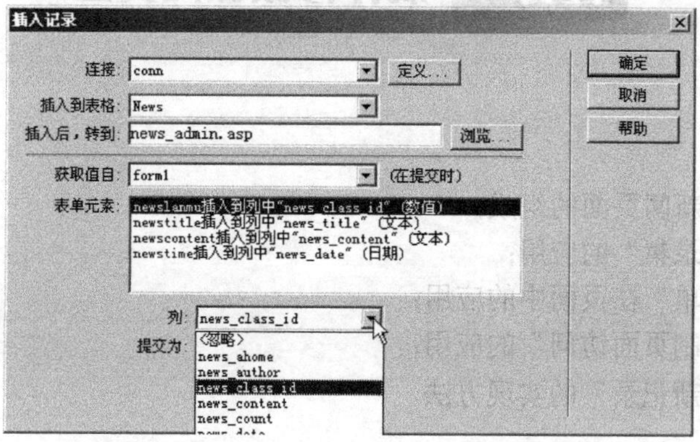

图 4-95 使表单中的控件与字段一一对应

步骤 4. 为页面添加限制页面访问行为。

在“服务器行为”面板中单击按钮 +，在弹出的下拉列表中选择“用户身份验证”→“限制对页的访问”选项，在弹出的“限制对页的访问”对话框中选中“用户名和密码”单选按钮；如果访问被拒绝，则转到 login.asp，单击“确定”按钮，完成添加新闻页面的制作。

知识链接

1．“插入记录”对话框

此对话框中各选项的说明如下。

连接：用于数据库的连接。

插入到表格：用于选择插入数据的数据库表。

插入后，转到：用于设置将数据插入到数据库表后要打开的页面文档。

获取值自：用于设置表单元素所在的表单域的名称。如果一个文档页面中只有一个表单域，则此下拉列表中默认选择该表单；如果一个文档页面中有多个表单，则需要在下拉列表中选择需要的表单名称。

表单元素、列：这两个选项是对应的，用于设置每个表单对象应该更新数据库表中的哪些字段。

提交为：用于设置数据表接收的数据类型。通常使用默认的数据类型。

2．Spry 验证

Spry 验证包括：Spry 验证文本域、Spry 验证文本区域、Spry 验证选择、Spry 验证复选框、Spry 验证密码、Spry 验证确认、Spry 验证单选按钮组。

试一试

将素材中“\素材\项目 4\试一试\原始文件\01-03”文件夹中提供的数据库和素材复制到硬盘中，根据提供的素材，尝试自己制作网站后台添加建站知识的管理页面，文件名为 jianzhanzhishi_add.asp。

任务 7 制作修改新闻页面

任务目标

（1）了解修改新闻页面的组成；

（2）巩固“记录集”的应用；

（3）巩固“表单”在页面中的应用；

（4）巩固“限制页面访问”的应用；

（5）掌握“更新记录”的实现方法。

任务描述

制作企业网站后台的修改新闻页面。

任务分析

通过“服务器行为”面板中“更新记录”的功能及用法，完成企业网站后台管理中“修改新闻”页面的制作。修改新闻页面根据 URL 传递的新闻编号读取数据，然后显示在表单中，修改页面的制作过程包括创建记录集、添加表单对象，在表单对象中显示记录集中的各字段，使用“服务器行为”中的“更新记录”行为完成数据库表中记录的更新。

操作步骤

步骤 1. 制作静态修改新闻页面。

（1）使用 Dreamweaver CS6 打开 news_add.asp 文档，将其另存为 news_edit.asp，保存到 admin 文件夹中。

（2）打开“服务器行为”面板，同时选择“插入记录（表单‘forml’）”和“动态属性（newstime.value）”两项，单击面板中的按钮[-]，将这两项删除，如图 4-96 所示。在“绑定”面板中选中已创建的记录集，单击面板中的按钮[-]，将这些记录集中删除。

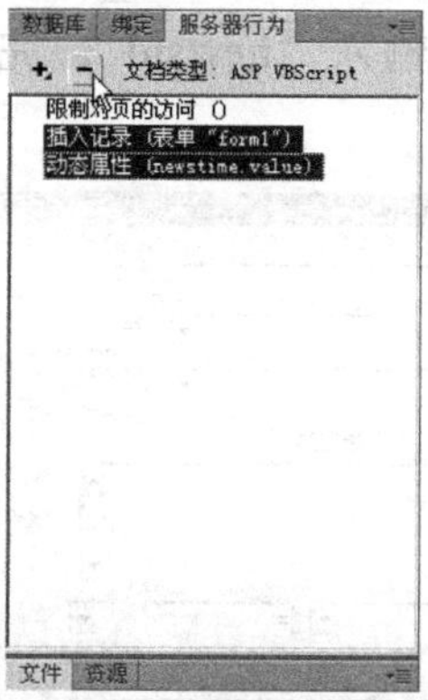

图 4-96　修改服务器行为

（3）选中页面中的“提交”按钮，在其“属性”面板的“值”文本框中将文本修改为“修改”，如图 4-97 所示，保存文档。

图 4-97　修改表单按钮

（4）修改文档的标题为“修改新闻”，同时将页面中的“添加新闻”修改为“修改新闻”。

（5）将光标定位在表格中“新闻时间”右侧的单元格内，将表格内的“隐藏域”删除，选择“插入”→“表单”→“文本域”命令，插入一个文本域对象，选中插入的文本域，在“属性”面板的“文本域”文本框中输入“newstime”，如图 4-98 所示。

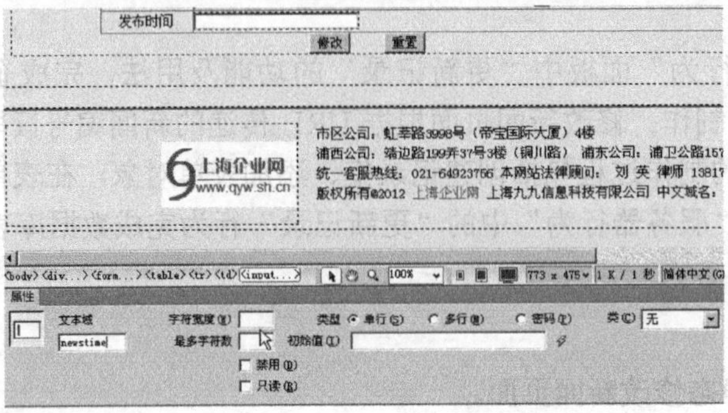

图 4-98　设置 newstime 文本域的属性

步骤 2. 在页面中创建记录集并绑定。

（1）单击“绑定”面板中的 + 按钮，从弹出的下拉列表中选择“记录集（查询）”选项，弹出“记录集”对话框，输入记录集的名称，选择相应的数据库连接和数据表，在“筛选”右侧第一项中选择“news_id”，在第二项中选择“=”，在第三项选择“URL 参数”，在第四项中输入“newsid”，完成相应的设置后单击“确定”按钮，如图 4-99 所示。

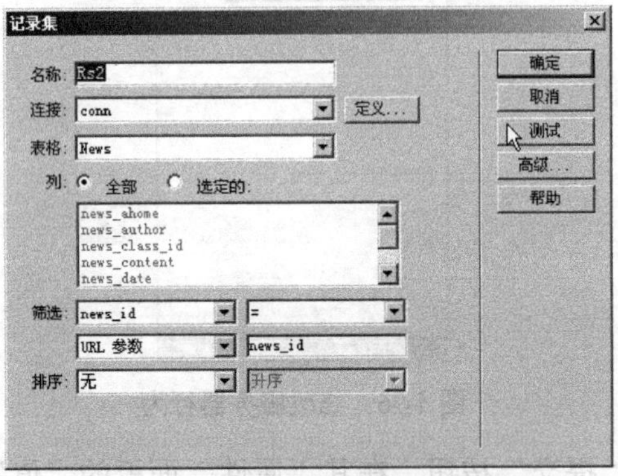

图 4-99　创建修改新闻页面的记录集

（2）单击对话框中的“测试”按钮，弹出“请提供一个测试值”对话框，如图 4-100 所示，在“测试值”文本框中输入一个新闻编号，单击“确定”按钮，如果弹出一个对话框并显示对应的新闻内容，则说明记录集创建成功，单击“确定”按钮，返回到“记录集”对话框，再次单击“确定”按钮，完成记录集的创建。

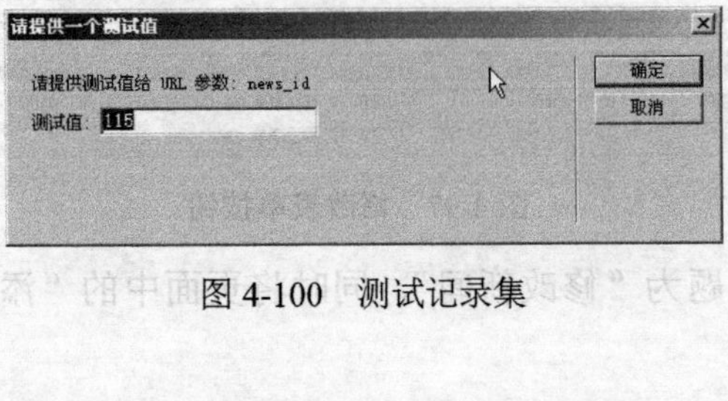

图 4-100　测试记录集

（3）依次将记录集中的 news_title、news_content、news_date 绑定在“新闻标题”、“新闻内容”、“发布时间”右侧对应的单元格内，如图 4-101 所示。

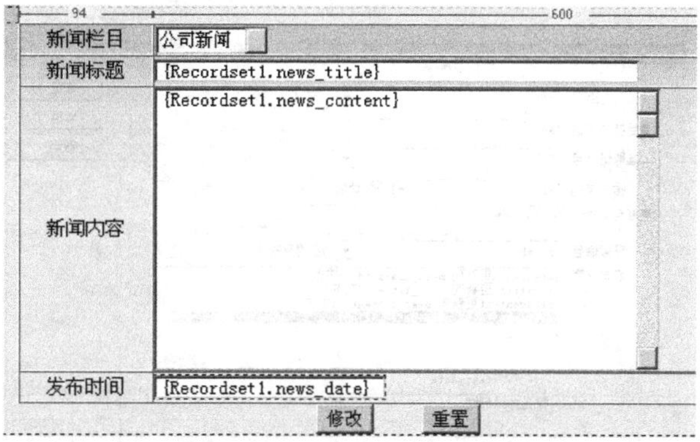

图 4-101 绑定字段到对应的单元格中

（4）选中“新闻栏目”右侧单元格中的“列表”对象，将页面切换到“代码”视图，显示相应的代码，如图 4-102 所示。

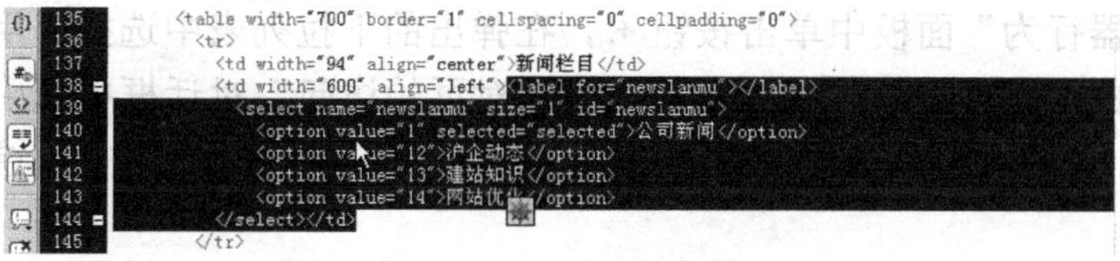

图 4-102 相应的代码

（5）修改“列表”对应的代码，修改后的代码如下所示，修改完成后保存文档。

```
    <label for="newslanmu"></label>
      <select name="newslanmu" size="1" id="newslanmu">
        <option value="1" <%if  Rs2.fields.item("news_class_id").value="1"
then response.write("selected")%>>公司新闻</option>
        <option value="12" <%if
Rs2.fields.item("news_class_id").value="12" then
response.write("selected")%>> 沪企动态</option>
        <option value="13" <%if
Rs2.fields.item("news_class_id").value="13" then
response.write("selected")%>>建站知识</option>
        <option value="14" <%if
Rs2.fields.item("news_class_id").value="14" then
response.write("selected")%>>网站优化</option>
      </select></td>
```

提示：代码中的字符必须处于英文半角状态。

<% if 字段值=列表值 then response.write("selected")%>的含义是，如果字段值和列表中的值匹配，则设置该列表项的默认选项。

步骤 3. 为页面创建更新记录功能。

（1）将光标定位在文档中，单击“服务器行为”面板中的按钮 +，在弹出的下拉列表中选择“更新记录”选项。

（2）在弹出的“更新记录”对话框中，在“连接”下拉列表中选择数据库连接“conn”；在“要更新的表格”下拉列表中选择“news”；在“选取记录自”下拉列表中选择“Rs2”；在“唯一键列”下拉列表中选择“news_id”，并选中“数值”复选框；“在更新后，转到”文本框中输入“news_admin.asp”，其他选项采用默认设置即可，如图 4-103 所示。

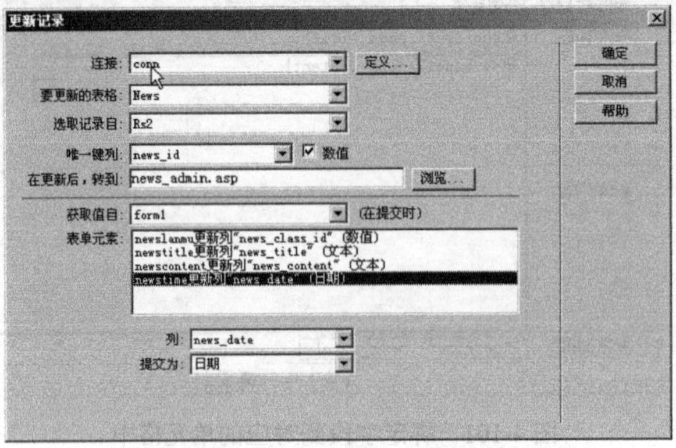

图 4-103　更新记录的设置

步骤 4．添加限制对页的访问

在“服务器行为”面板中单击按钮 +，在弹出的下拉列表中选择“用户身份验证”→“限制对页的访问”选项，在弹出的“限制对页的访问”对话框中选中“用户名和密码”单选按钮；如果访问被拒绝，则转到 login.asp，单击“确定”按钮，完成修改新闻页面的制作。

知识链接

“更新记录”对话框中各选项含义如下。

连接：用于选择数据库的连接。

要更新的表格：用于选择包含要更新的记录的数据库表。

选取记录自：用于设置显示在表单对象上的记录的记录集。

唯一键列：选择一个键列（通常选择能唯一标识记录的字段）来标识数据库表中的记录。如果该值是一个数字，则选中“数值”复选框，键列通常接收数值，但有时也接收文本。

在更新后，转到：输入更新记录后将要打开的文档。

获取值自：在下拉列表中选择一个表单域名称。

表单元素：在文本区域中选择一个表单对象名称，在“列”下拉列表中选择更新的数据库表中的字段，在“提交为”下拉列表中为该表单对象选择数据类型。

试一试

将素材中“\素材\项目 4\试一试\原始文件\01-03”文件夹中提供的数据库和素材复制到硬盘中，根据提供的素材，尝试自己制作网站的后台修改建站知识的管理页面，文件名为 jianzhanzhishi_modify.asp。

任务 8 制作删除新闻的页面

任务目标

（1）了解删除新闻页面的组成；

（2）了解删除新闻页面的制作过程；

（3）巩固“记录集”的应用；

（4）巩固“表单”在页面中的应用；

（5）巩固“限制页面访问”的应用；

（6）掌握“删除记录”的实现方法。

任务描述

制作企业网站后台用于删除新闻的管理页面。

任务分析

通常实现删除新闻功能时，页面将显示要删除的数据库表中的记录，当用户单击表单按钮确认删除后，Web 应用程序将从数据库表中删除记录。

本任务通过“服务器行为”面板中的“删除记录”来实现企业网站新闻删除功能。在使用“删除记录”行为前，应先创建一个记录集和一个表单。

操作步骤

步骤 1．制作静态删除新闻页面。

（1）使用 Dreamweaver CS6 打开 news_edit.asp 文档，将其另存为 news_delete.asp，保存到 admin 文件夹中。

（2）修改页面，将文档的标题修改为“修改新闻”，将文档中的“修改新闻”文本改为“删除新闻”，将“修改”按钮修改为“删除”按钮，如图 4-104 所示。

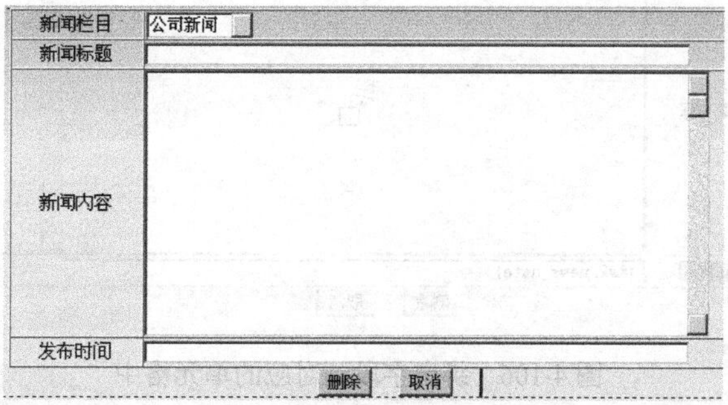

图 4-104　制作静态删除新闻页面

（3）在“服务器行为”面板中选择“更新记录”选项，单击按钮 - 将其删除；在“绑定”面板中选中记录集 Rs2，单击按钮 - 将其删除。

步骤 2. 在页面中创建记录集并绑定。

（1）单击“绑定”面板中的按钮，从弹出的下拉列表中选择“记录集（查询）”选项，弹出“记录集”对话框，输入记录集的名称，选择相应的数据库连接和数据表，在“筛选”右侧第一项中选择“news_id”，在第二项中选择“=”，在第三项中选择“URL 参数”，在第四项中输入“newsid”，完成相应的设置后单击“确定”按钮，如图 4-105 所示。

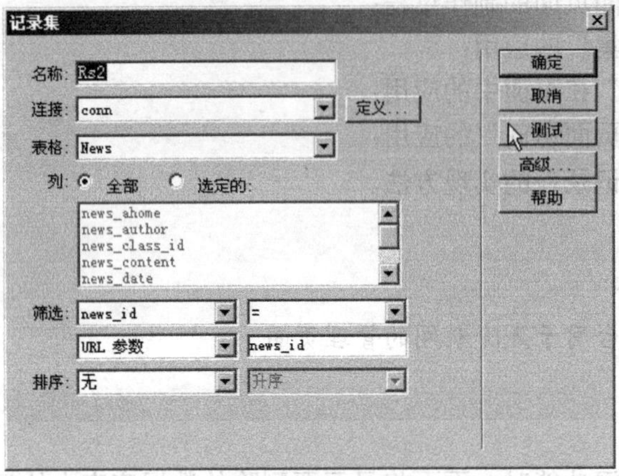

图 4-105　添加记录集

（2）单击对话框中的“测试”按钮，弹出“请提供一个测试值”对话框，在“测试值”文本框中输入一个新闻编号，单击“确定”按钮，如果弹出一个对话框并显示对应的新闻内容，则说明记录集创建成功。单击“确定”按钮，返回到“记录集”对话框，再次单击“确定”按钮，完成记录集的创建。

（3）依次将记录集中的 news_title、news_content、news_date 绑定到“新闻标题”、“新闻内容”、“发布时间”右侧对应的单元格内，如图 4-106 所示。

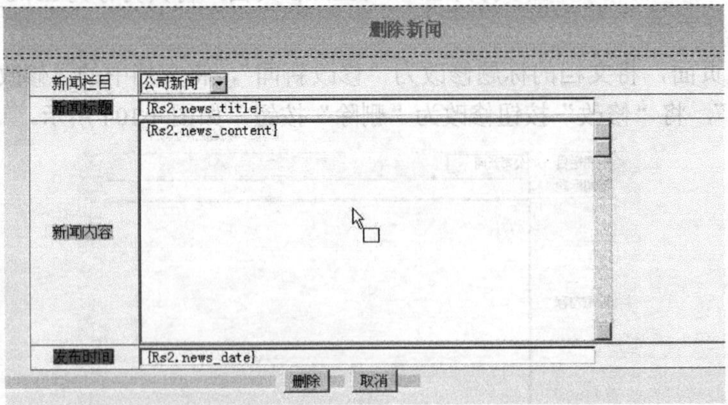

图 4-106　绑定字段到对应的单元格中

步骤 3. 为页面创建删除记录功能。

（1）将光标定位在文档中，单击“服务器行为”面板中的按钮，在弹出的下拉列表中选择“删除记录”选项。

（2）在弹出的“删除记录”对话框中，在“连接”下拉列表中选择数据库连接“conn”；在“从表格中删除”列表中选择“News”；在“选取记录自”下拉列表中选择“Rs2”；在“唯一键列”下拉列表中选择“news_id”，并选中“数值”复选框；在“删除后，转到”文本框中输入“news_admin.asp”，其他选项采用默认设置即可，如图 4-107 所示。

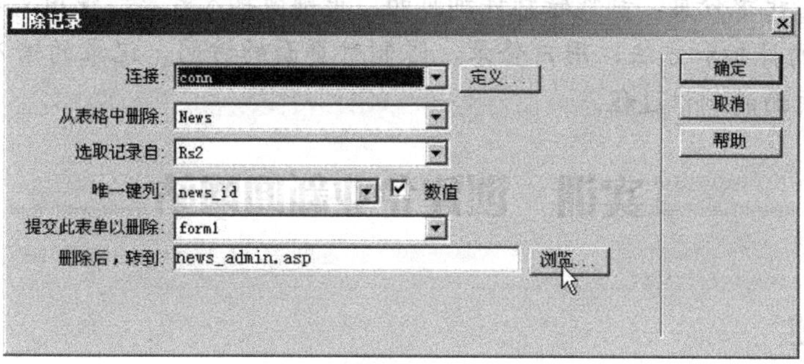

图 4-107 “删除记录”对话框

步骤 4. 添加限制对页的访问行为。

在“服务器行为”面板中单击按钮，在弹出的下拉列表中选择“用户身份验证”→“限制对页的访问”选项，在弹出的“限制对页的访问”对话框中选中“用户名和密码”单选按钮；如果访问被拒绝，则转到 login.asp，单击“确定”按钮，完成删除新闻页面的制作。

知识链接

“删除记录”对话框中各选项含义如下。

连接：用于选择数据库的连接。

从表格中删除：用于选择包含要删除的记录的数据库表，指明从哪个数据库表中删除记录。

选取记录自：用于设置显示在表单对象上的记录来自于哪个记录集。

唯一键列：选择一个键列（通常选择能唯一标识记录的字段）来标识数据库表中的记录。如果该值是一个数字，则选中“数值”复选框，键列通常接收数值，但有时也接收文本。

提交此表单以删除：在下拉列表中选择一个表单名称，即在该页面中创建的表单域的名称。

删除后，转到：用于输入删除记录后转到的文档。

试一试

将素材中“\素材\项目 4\试一试\原始文件\01-03”文件夹中提供的数据库和素材复制到硬盘中，根据提供的素材，尝试自己制作网站的后台删除新闻的管理页面，文件名为 jianzhanzhishi_delete.asp。

总结与回顾

本项目学习了动态网页制作时必须要掌握的基础知识：创建记录集，绑定正确的字段，重复区域、记录分页、制作转到详细页面、正确地插入表单，使用文本域、按钮、为表单设置正确的目标和方法、用户登录，限制对页面的访问，记录的输入、修改、删除等，以及动态页面的制作过程。

实训 创建企业新闻网站

任务描述

将素材中“\素材\项目 4\实训\原始文件”文件夹中提供的数据库和素材复制到硬盘中，根据提供的素材，创建一个完整的小型企业网站，实现企业新闻的浏览与管理。

任务分析

一个新闻网站通常包含用于浏览新闻的页面（前台页面）和用于管理新闻的页面（后台页面）。前台页面一般包括新闻列表页和新闻详细页；后台页面一般包括登录、新闻列表管理、新闻添加、新闻更新、新闻删除等页面。

习题 4

1. 选择题

（1）在新闻列表页面中如果一页无法显示完整的新闻记录，一般应该在页面中使用（　　）行为实现分页显示。

A. 重复区域　　B. 插入记录
C. 记录导航条　　D. 转到详细页面

（2）（　　）可以将表单中的数据添加到数据库表中。

A. 记录集　　B. 删除记录　　C. 插入记录　　D. 绑定

（3）（　　）可以让未登录者直接在地址栏中输入后台页面地址时必须跳转到登录页面。

A. 限制对页的访问　　B. 用户登录
C. 注销用户　　D. 检查新用户名

（4）在网页中插入表单的命令在（　　）菜单中。

A. 文件　　B. 窗口　　C. 命令　　D. 插入

（5）在 Dreamweaver CS6 中，按（　　）键可以打开主浏览器预览网页。

A. F1　　B. F3　　C. Home　　D. F12

（6）下面关于设置文本域的属性，说法错误的是（　　）。

A．单行文本域只能输入单行的文本

B．通过设置可以控制单行域的高度

C．通过设置可以控制输入单行域的最长字符数

D．密码域的主要特点是不在表单中显示具体的输入内容，而使用*来代替显示

（7）要通过页面修改数据库表中的数据，应该在页面中创建（　　）服务器行为。

A．删除记录　　B．限制对页的访问　　C．转到详细页面　　D．更新记录

2．填空题

（1）________服务器行为允许在网页页面中显示记录集中的记录个数。

（2）________服务器行为可以将信息或参数从一个页面传递到另一个页面。

（3）限制对页的访问有两种方式：________和________。

（4）常用的动态网页技术有________、________、________和________等。

（5）“拆分”视图组合了________与________的特点。

3．简答题

（1）简述制作动态页面的过程。

（2）常用的服务器行为有哪些？

（3）Spry 验证包括哪些？

项目 5 用户注册管理

随着信息技术的发展，网络已经成为人们生活必不可少的信息窗口。通过连接在 Internet 上的站点，企业可以宣传自己的产品，政府可以发布有关的政策法规，学校可以为学生提供教学信息，个人可以展示自己的爱好、才能等个性化的东西。网站的会员注册与登录使越来越多的网民对网站有亲切感和归属感，这方面的技术也比较简单，使用户的操作更加方便，因此，会员注册与登录在网站上得到了广泛的应用。

项目目标

（1）掌握 Request 对象的使用；
（2）掌握 Response 对象的使用；
（3）掌握 RecordSet 对象的使用；
（4）掌握 Session 对象的使用；
（5）掌握 SQL 语句的使用。

项目描述

本项目将通过 3 个任务来说明如何实现网站的用户注册与登录，通过该项目的学习，使用户学习到如何制作用户登录页面、如何提交页面，以及如何验证登录信息和管理用户信息等功能。

任务 1 用户登录页面制作

任务目标

（1）掌握表单中元素的使用；
（2）了解表单的常用参数及含义；
（3）掌握 Response 对象和 Request 对象的使用；
（4）掌握 Request 对象的使用；
（5）掌握 RecordSet 对象的使用；
（6）掌握 SQL 语句的使用。

任务描述

当用户在某个网站注册后，访问该网站时，要进行身份验证，这个功能是由登录页面来完成的。登录功能一般是在客户端通过表单将用户名和密码信息提交给服务器，由服务器根据数据库中有无该信息做出相应的处理。

任务分析

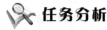

本任务通过编写一个用户登录页面，使用户熟练掌握数据库中查询命令的使用，了解如何在网页中运用 JavaScript 知识。

操作步骤

步骤 1. 建立用户登录页面。

（1）建立站点，在 Dreamweaver 中建立新的 ASP 页面，选择“文件”→“保存”命令，在弹出的“另存为”对话框中设置站点目录，文件命名为“login.asp”。

（2）在 index.asp 中利用表格，加入两个表单、两个文本框及注册、登录、退出登录按钮，建立如图 5-1 所示的用户登录页面。

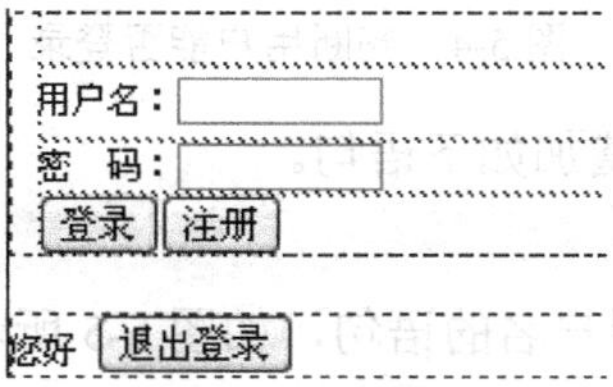

图 5-1　用户登录

（3）表单中各元素的属性如表 5-1 所示。

表 5-1　元素的属性

元素名称	Name 属性	类型
用户名	txtname	text
密码	txtpassword	password
登录	Button1	Submit
注册	Button2	Button
退出登录	Button3	Button

（4）在“设计”视图中修改“注册”的代码，修改后的代码如下所示。

```
    <td><input name="button1" type="submit" id="button1" value="登录"
/><input name="button3" type="button" id="button3" value="注册"
onclick="window.open('regis.html')" /></td>
```

（5）在“设计”视图中选择<form1>标签，为表单设置属性。设置方法为“POST”，动作为“logincheck.asp”，如图 5-2 所示。

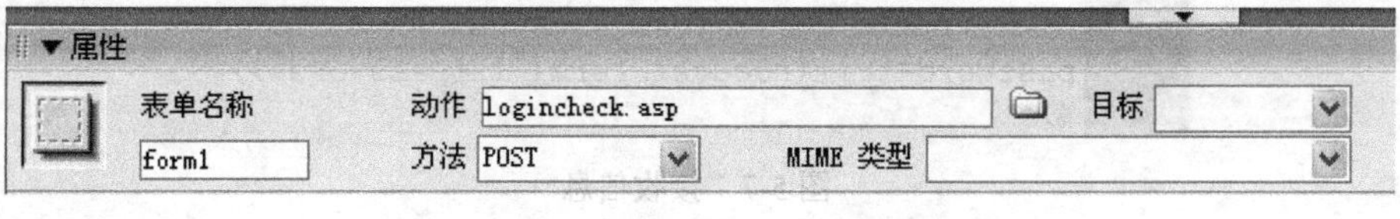

图 5-2　设置 form1 表单的属性

（6）在“设计”视图中选择<form2>标签，为表单设置属性。设置方法为“POST”，动作为“loginout.asp”，如图 5-3 所示。

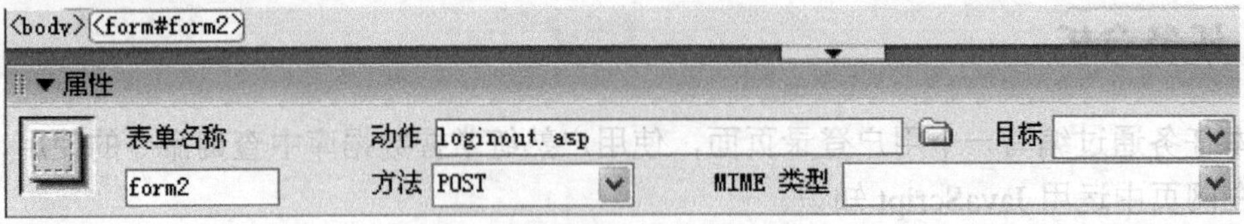

图 5-3　设置 form2 表单的属性

步骤 2. 添加判断用户能否登录的代码。

（1）单击工具栏中的“代码”按钮，切换到“代码”视图，在 form1 前面插入判断用户能否登录的语句，如图 5-4 所示。

```
<body>
<% if Session("txtname")="" then %>
<form action="logincheck.asp" method="post" name="form1" rel="stylesheet"
href="../images/actcms.css" rev="stylesheet" type="text/css">
```

图 5-4　判断用户能否登录

（2）在 form1 的</form>后增加如下语句。

```
<% else %>
```

（3）在 form2 中增加显示用户名的语句，如图 5-5 所示。

```
<% else %>
<form action="loginout.asp" method="post" name="form2">
  你好 <% =session("txtname") %>
```

图 5-5　显示用户名

（4）在 form2 的</form>后增加如下语句。

```
<% end if %>
```

（5）为 form1 的“注册”按钮添加单击事件，如图 5-6 所示。

```
    <td><input name="button1" type="submit" id="button1" value="登录"
/></td>
    <td><input name="button2" type="button" id="button2" value="注册"
onclick="window.open('register.asp')" /></td>
```

图 5-6　添加按钮单击事件

步骤 3. 添加接收登录信息的代码。

（1）新建一个 ASP 文件，文件名为 logincheck.asp，单击工具栏中的“代码”按钮，切换到“代码”视图，使用 Request 接收前台页面传递的参数信息，代码如图 5-7 所示。

```
<%
dim name,password
name=trim(request.form("txtname"))
password=trim(request.form("txtpassword"))
%>
```

图 5-7　接收信息

（2）编写连接数据库的代码，如图 5-8 所示。

```
<%
set conn=server.createobject("adodb.connection")
connstr="Provider=Microsoft.jet.oledb.4.0;data source="&server.mappath(
"../data/shqyw.mdb")
conn.open connstr
%>
```

图 5-8　连接数据库

（3）编写判断数据库中有无该用户名和密码的代码，如图 5-9 所示。

```
<%
session("txtname")=""
name=trim(request.Form("txtname"))
password=trim(request.Form("txtpassword"))
set rs=server.createobject("adodb.recordset")
sql="select * from main where trim(user)='"&name&"' and trim(password)='"&
password&"'"
  RS.Open sql, Conn, 1, 1
 if rs.eof or rs.bof then
    Response.write "<script language=javascript>"
    Response.write "alert('用户名或密码不对!');"
    Response.write "javascript:history.go(-1);"
    Response.write "</script>"
    response.end()
 end if
```

图 5-9　判断无该用户名

（4）保存会话信息，代码如下。

```
session("txtname")=name
session.Timeout=60
response.Cookies("user")("name")=name
response.Cookies("user").expires=date()+31
response.Redirect "login.asp"
```

（5）关闭记录集及数据库，代码如下。

```
<%
rs.close
set rs=nothing
conn.close
set conn=nothing
%>
```

（6）新建一个 ASP 文件，文件名为 loginout.asp，单击工具栏中的“代码”按钮，切换到“代码”视图，输入如下代码。

```
<%
   Session("txtname")=""
   response.redirect("login.asp")
%>
```

步骤 4. 修改首页面。

（1）打开“教学包\素材\项目 5\示例\01\原始文件”中的 index.htm 文件。

（2）切换到“代码”视图，修改第 200 行的代码，修改后的代码如图 5-10 所示。

```
200 <iframe Width=180 height=150 ID="loginframe" name="loginframe" src="User/login.asp"
frameBorder="0" scrolling="no" allowtransparency="true"></iframe>
```

图 5-10　修改后的代码

（3）保存文件，运行 index.htm，效果如图 5-11 所示。

图 5-11　首页效果

（4）在用户登录中输入用户名及密码，单击“登录”按钮，如果数据库中有此用户名且密码正确，则进入如图 5-12 所示的界面。

图 5-12　登录成功

（5）当用户单击“退出登录”按钮时，会进入如图 5-11 所示的界面。

（6）当用户输入的用户名或密码不正确时，会进入如图 5-13 所示的界面。单击“确定”按钮，会进入如图 5-11 所示的界面，等待用户再次输入用户名和密码。

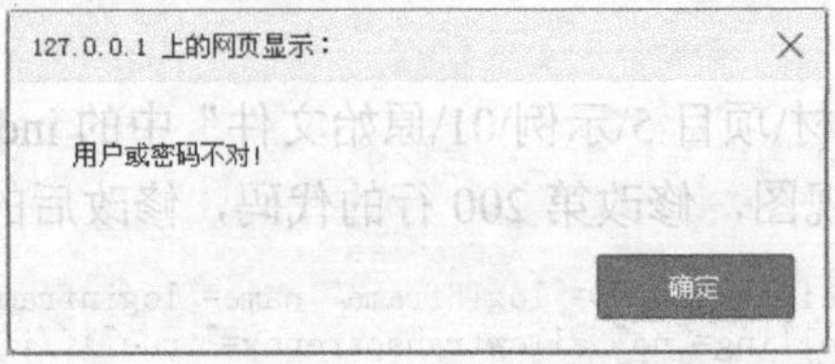

图 5-13　登录失败

知识链接

1. Request 对象

Request 对象用于提取表单元素和 URL 参数传递的值。Request 对象的常用方法如表 5-2 所示。

表 5-2 Request 对象的常用方法

方法名称	含义
Request.form()	获取以 Post 方法发送的表单信息
Request.Querystring()	获取以 Get 方法发送的表单信息
Request()	获取客户端信息的通用方法
Request.ServerVariables()	获取服务器和客户端的环境变量
Request.Cookies()	获取客户端 Cookies 的值

（1）Form 的使用

其格式如下。

```
Request.form("Objname")
```

其中，Objname 表示表单控件的名称。

表单中用于输入用户名的控件对象名为 txtname，表单以 Post 方法提交后，要获得用户名，并将其保存在 name 变量中，实现语句如下。

```
name= Request.form("txtname")
```

（2）QueryString 的使用

其格式如下。

```
Request. QueryString("Objname")
```

其中，Objname 表示表单控件的名称。

表单在用 Get 方法提交后，会将表单数据附加在 URL 地址后并显示出来，因此只能用于安全性不高的场合。在传递多个参数时，参数使用“？”连接。

2. 嵌入 JavaScript

在网页中嵌入 JavaScript，必须将脚本代码放置在<script>和</script>标记符之间，以区分 HTML 标记和脚本代码。脚本代码可放在<head>和</head>之间，也可以放在<body>和</body>之间，嵌入格式如下。

```
<script  language="JavaScript">
<!--
//此处放置JavaScript代码
//-->
</script>
```

3. 常用内部函数

VBScript 中常用的内部函数如表 5-3 所示。

表 5-3　内部函数

函数名称	功能	举例
Abs()	返回绝对值	Abs(-5)=5
Int()	取整	Int(9.8)=9，int(−9.8)=−10
Round(num,n)	四舍五入取小数位	Round(3.1415,2)=3.14
Len(str)	计算字符串长度	Len("abcdef")=5
Trim(str)	去除字符串两端空格	Trim("　asd　")="asd"
Date()	取系统当前日期	Date()=系统当前日期
IsNumeric()	测试是否为一个数值	IsNumeric(123)=true
Mid(str,m,n)	从第 m 个字符开始截取后面的 n 字符	Mid("chinese",2,3)="hin"

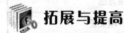

拓展与提高

1. Session 对象

当一个用户访问一个站点的时候，用户的浏览器发送一个请求到服务器，服务器返回给浏览器一个响应后将不再保持该用户与浏览器的连接，当用户在站点的多个页面切换时，Session 对象可以保存用户的相关信息。Session 的作用时间是从浏览者到达某个 Web 页开始，直到该用户离开该站点。

利用 Session 对象可以存储浏览者的一些特定信息，如姓名、性别及停留时间等。

服务器会为每位新用户创建一个新的 Session 对象，并在 Session 到期后撤销该对象。

（1）Session 变量的创建格式如下。

```
Session（"变量名称"）=值
```

当创建好一个 Session 变量后，用户可以像使用变量一样使用 Session 变量。

（2）Session 对象的常用属性和方法如表 5-4 所示。

表 5-4　常用属性和方法

名　称	作　用
SessionID 属性	每个 Session 的代号，由服务器产生，是一个不重复的长整型数字
TimeOut 属性	设置 Session 对象的最长间隔时间，默认时间为 20 分钟
Abandon 方法	删除所有存储在 Session 对象中的对象数据并释放它们所占用的资源

2. Cookie 对象

Session 对象实际上就是利用 Cookie 进行信息处理的，当用户向服务器提出某个 Session 请求后，服务器会在用户的浏览器上创建一个 Cookie，当这个 Session 结束时，也就意味着此 Cookie 过期了。

Cookie 就是存储在本地计算机上的一个字符或一个标志。

（1）Cookie 的创建格式如下。

```
Response. Cookie(name)[(Key)|.(attribute)]=值
```

其中，name 为必选参数，是 Cookie 的名称；Key 为可选参数，多值集合；attribute 为可选参数，设定有关 Cookie 的信息，如 Expires 用来指定 Cookie 的过期日期。

（2）Cookie 的读取格式如下。

```
Request. Cookie(name)[(Key)|.(attribute)]
```

3. VBScript 的对象和事件

在 VBScript 中使用对象和属性名称是区分大小写的。

（1）对象

常用的对象有 Windows、Document 对象和 History 对象。

在 VBScript 中控制 Windows 对象，相当于控制浏览器，它最常用的方法是 Open 和 Alert 方法，Open 方法用于打开一个新窗口或创建一个新窗口并在其中显示一个文档，它返回一个 Windows 对象；Alert 方法可以显示一个带有“OK”按钮的警告消息对话框，它没有返回值。

Document 对象的 LinkColor 属性可以返回或设置文档中超链接的颜色。

History 对象可以控制浏览器访问已经访问过的网页，最常用的方法是 back(n)，它就像单击按钮一样，可以回到最近访问过的 URL。

（2）事件

不同的控件有不同的事件，当事件发生后，会有相应的处理事件的方法开始执行，常用控件及其触发的事件如表 5-5 所示。

表 5-5 常用控件及其触发的事件

控 件	事 件	方 法
Button	OnClick OnFocus	Click Focus
Submit	OnClick OnFocus	Click Focus
Text	OnFocus OnBlur OnChange OnSelect	Focus Blur Select
Radio	OnClick OnFocus	Click Focus

试一试

建立一个学生数据库，在数据库中创建建两个表，分别存放学生的基本信息和成绩信息，要求在同一个页面中显示基本信息表中的一些信息和成绩信息表中的一些信息，这些信息以每页显示 5 条记录的方式在网页中显示出来。

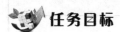

任务 2 会员注册页面制作

任务目标

（1）掌握 Response 对象的使用；

（2）掌握 Request 对象的使用；

（3）掌握常用函数的使用。

任务描述

当用户第一次访问某个网站或页面时，经常会打开会员注册页面，提示用户是否注册。新用户在注册时要提供大量的信息，同时网站对用户填写的信息要进行一定程度的验证。当验证通过后，把注册信息写入到数据库中，反之，给出错误信息，回到注册页面。本任务要使用 ASP 编写一个会员注册页面。

任务分析

本任务通过编写一个会员注册页面，使学生熟练掌握表单中元素的使用，Response 对象、Request 对象的使用及如何把信息插入到数据库中。

操作步骤

步骤 1. 建立会员注册页面。

（1）打开“教学包\素材\项目 5\示例\02\原始文件\User\regis.html”文件，删除其中的内容。

（2）在 regis.html 中利用表格，插入 form1、文本框及注册、重置按钮，建立如图 5-14 示的会员注册页面。

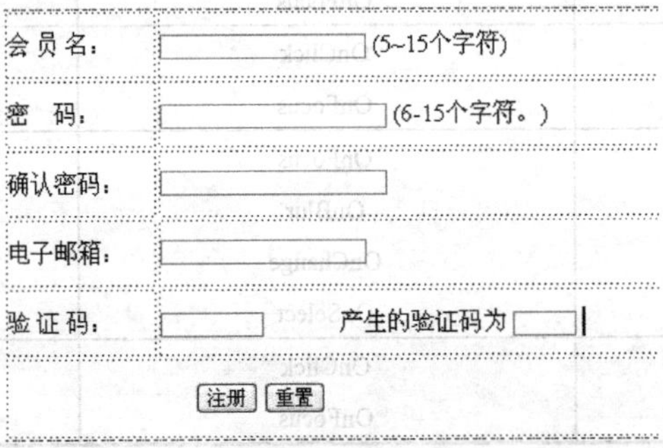

图 5-14　会员注册

（3）表单中各元素的属性如表 5-6 所示。

表 5-6　元素的属性

元素名称	Name 属性	类型	备注
会员名	txtname	text	5～15 个字符
密码	txtpassword	password	6～15 个字符
确认密码	txtpwd	password	6～15 个字符
电子邮箱	txtmail	text	需要符合电子邮箱的格式
验证码	txtcheck	text	
产生的验证码为	txtinput	text	
注册	Button1	Submit	

（4）在“设计”视图中选择<form1>标签，为表单设置属性。设置方法为“POST”，动作为“LogininSubmit.asp”，如图 5-15 所示。

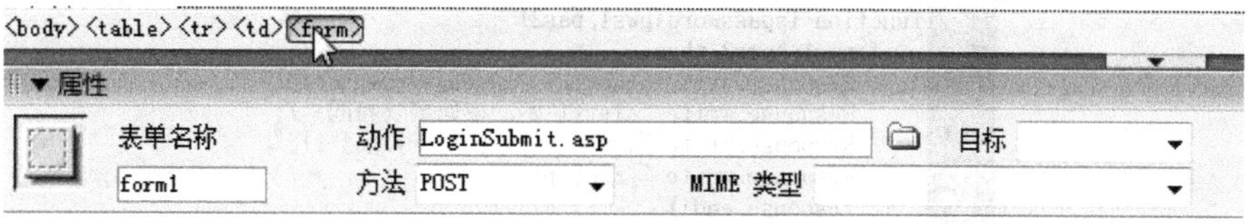

图 5-15 设置表单的属性

步骤 2. 嵌入 JavaScript。

输入文本域 txtinput 验证码产生的代码，代码如下。

```
<Script Language="JavaScript">
   var num=0;
   num=Math.floor(Math.random()*9000+1000);
   document.form11.txtinput.value=num;
   </Script>
```

提示：Math 对象是 JavaScript 中的一个静态对象，可以直接引用，不需要创建实例；floor(X)是 Math 对象的一个方法，用于返回小于等于 X 的最大整数；random()是 Math 对象的另一个方法，用于返回一个 0～1 的随机小数。

步骤 3. 添加接收注册信息的代码。

（1）新建一个 ASP 文件，文件名为 RegisterSubmit.asp。

（2）在 RegisterSubmit.asp 文件中，在<body>和</body>标签之间输入接收注册信息的代码，如图 5-16 所示。

```
<%
dim name,password1,password2,email,txtcheck,txtinput
name=trim(request("txtname"))
password1=trim(request("txtpassword"))
password2=trim(request("txtpwd"))
eamil=trim(request("txtmail"))
txtcheck=trim(request("txtcheck"))
txtinput=trim(request("txtinput"))
```

图 5-16 接收注册信息

（3）编写判断会员名的子过程，代码如图 5-17 所示。

```
sub isname(str)
 if len(str)=0 then
    Response.write "<script language=javascript>"
    Response.write "alert('会员名不能为空!');"
    Response.write "javascript:history.go(-1);"
    Response.write "</script>"
    response.end()
    exit sub
 end if
 if len(str)<6 or len(str)>15  then
   Response.write "<script language=javascript>"
    Response.write "alert('会员名长度不能满足要求!')
    Response.write "javascript:history.go(-1);"
    Response.write "</script>"
    response.end()
    exit sub
  end if
end sub
```

图 5-17 判断会员名

（4）编写判断密码的子过程，其与判断会员名的子过程相同。

（5）编写判断两次输入的密码是否相同的函数，代码如图 5-18 所示。

```
function ispassword(pws1,pas2)
  if pws1<>pws2 then
     Response.write "<script language=javascript>"
     Response.write "alert('两次密码要求相同!');"
     Response.write "javascript:history.go(-1);"
     Response.write "</script>"
     response.end()
     exit function
  end if
end function
```

图 5-18　判断两次输入的密码是否相同

（6）编写判断电子邮箱格式是否正确的函数，代码如图 5-19 所示。

```
function ismail(mail)
  num=0
  for i=1 to len(mail)
    char=mid(mail,i,1)
    if char="@" then num=num+1
  next
  if num<>1 then
     Response.write "<script language=javascript>"
     Response.write "alert('邮件地址不正确!');"
     Response.write "javascript:history.go(-1);"
     Response.write "</script>"
     response.end()
     exit function
  end if
end function
```

图 5-19　判断电子邮箱是否正确

（7）编写判断验证码是否相同的函数，其代码和判断密码是否相同的函数相同。

（8）调用子过程和函数，调用语句如下。

```
Call isname(name)
Call ispas (passowrd1)
Ispassword password1, password2
Isemail eamil
```

（9）新建一个 ASP 文件，文件名为 conn.asp，内容如图 5-7 所示，把 conn.asp 引入到 loginsubmit.asp 文件中，命令如下。

```
<!--#include file="conn.asp"-->。
```

（10）把注册的用户信息写入到数据库中，代码如图 5-20 所示。

```
<%
set rs=server.createobject("adodb.recordset")
sql="select user,password,email from userinfo"
rs.Open sql,conn,1,3
rs.addnew
rs("user")=name
rs("password")=password1
rs("email")=email
rs.update
rs.close
set rs=nothing
conn.close
set conn=nothing
response.redirect("../index.htm")
%>
```

图 5-20　写入数据库

（11）保存文件并退出。

步骤 4. 运行。

（1）打开“素材\项目 5\示例\02\原始文件\User\reg.html”文件，切换到“代码”视图，修改代码，修改后的代码如图 5-21 所示。

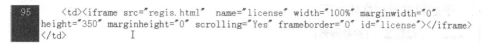

```
    <td><iframe src="regis.html"  name="license" width="100%" marginwidth="0"
height="350" marginheight="0" scrolling="Yes" frameborder="0" id="license"></iframe>
</td>
```

图 5-21　修改代码

（2）运行 index.htm 文件，会进入如图 5-11 所示的界面，在“用户登录”页面中单击“注册”按钮，会进入如图 5-22 所示的界面。

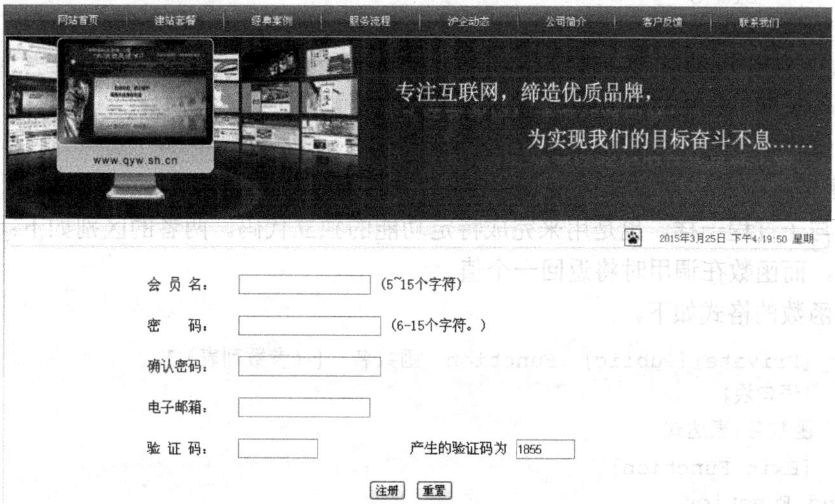

图 5-22　注册页面

（3）用户输入满足条件的内容，单击“注册”按钮后，系统会把该记录写入到数据库中。

（4）打开数据库，最下面一条记录即为刚刚添加的数据，如图 5-23 所示。

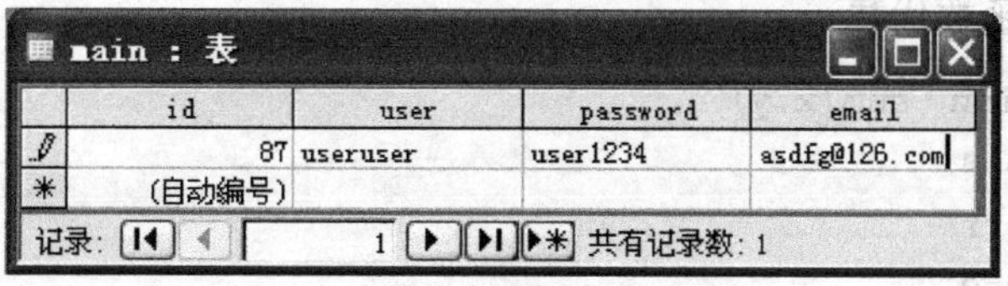

图 5-23　添加的记录

知识链接

1. 子过程

在 VBScript 中，过程习惯定义在<head>和</head>中。过程是没有返回值的。

（1）Sub 过程的格式如下。

```
[Private][Public]  Sub  过程名  [（参数列表）]
[语句块]
[Exit  Sub]
End Sub
```

Private 表示此过程是私有的过程，只能被进行过声明的脚本中的其他过程调用；而 Public 表示此过程是公有的过程，可以被脚本中的其他任意过程调用，如果省略此关键字，则默认为 Public；Exit Sub 语句可以直接退出过程。

（2）子过程的调用格式如下。

```
Call 子过程名  [参数列表]
```

无参数的过程调用时必须带括号。

例如，计算两数和的程序如下。

```
Sub  add(x,y)
  Dim s
  s=x+y
  Response.write(s)
End Sub
```

调用过程应使用命令 Call add(3,5)。

2．函数

函数与子过程一样，也是用来完成特定功能的独立代码。两者的区别如下：子过程没有返回值，而函数在调用时将返回一个值。

（1）函数的格式如下。

```
  [Private][Public]  Function  函数名  [（参数列表）]
  [语句块]
  函数名=表达式
  [Exit Function]
End Function
```

其中，"函数名=表达式"语句用于为函数设置返回值，函数中至少要含有这样一条语句；Exit Sub 语句可以直接退出函数。

（2）函数的调用：可以在表达式中进行调用，调用函数时，参数两边的括号不能省略。

上述过程可用函数代替。

```
Function  sum(x,y)
  Dim s
  s=x+y
  sum=s
End Function
```

调用函数的命令如下：sum(3,5)。

拓展与提高

1．#include 命令

#include 语句格式如下。

```
<!-- #include 文件类型路径 ="somefilename"-->
```

该命令指示 Web 服务器将文件内容插入到 HTML 页面中。所包括的文件可以包含在 HTML 文档中有效的任何内容。必须使用 HTML 注释定界符将指令括起来。该命令既可用在 ASP 页中，也可用在 HTML 页中。

在 ASP 中，#include 命令的执行先于脚本的执行。

文件类型路径有如下两种。

Virtual——表示文件中给出的是虚拟路径。

File——表示文件中给出的是物理路径。

例如：

```
<!--被包含文件与父文件存在于相同目录中-->
<!-- #include file = "myfile.inc" -->
<!--被包含文件位于脚本虚拟目录中 -->
<!-- #include virtual = "/scripts/tools/global.inc" -->
```

2．多表查询

这种要求可以通过表连接实现，即根据某种连接条件，分别从不同表中检索不同字段的信息，重新组合成需要在网页中的内容，操作要求如下。

（1）建立表与表之间的关系。

（2）使用 select 语句查询多个表中的数据。

例如，有两个数据表，Student 表中存放学生的信息，Student 表的内容如表 5-7 所示。Address 表存放学生的宿舍号，Address 表的内容如表 5-8 所示。

表 5-7　Student 表

num	name	sex	tele
22	王五	男	2222
32	李四	男	3333

表 5-8　Address 表

num	class	addr
22	0511	118
45	0522	116

两表之间以 num 建立关系。

查询命令 select student.name,a student.tel, address .ddr from student,address where student.num= address.num 会把两表中 num 相同的记录显示出来，在显示的时候只显示 name、tel 和 addr 这 3 个字段的值。

试一试

刚建好的网页可直接把会员注册的信息写入到数据库的表中，实际上会员的注册信息在写入数据库之前，先要使用 select 语句检查表中有无该会员记录，若有该会员记录，则提示会员该会员名已注册，使用另一个会员名进行注册；若表中没有该会员记录，则直接写入到数据库中，对刚才的网页文件进行修改，使它满足上述要求。

任务 3 会员管理页面制作

任务目标

（1）熟练掌握 RecordSet 对象的使用；

（2）熟练掌握参数的传递；

（3）熟练掌握数据库的连接、关闭；

（4）熟练掌握 SQL 语句的使用。

任务描述

当网站具有注册功能后，如何对在该网站中注册的会员进行管理就成为一个问题，这需要网络管理人员添加用户管理的功能，以方便对会员的管理。网站后台会员管理在显示会员信息的基础上增加了会员的删除、修改等功能。

任务分析

网站会员管理后台页面中的会员删除、修改等功能要涉及对数据库的删除、修改等操作，此处需要编写会员后台管理页面，通过该页面使网络管理人员实现上述操作。

操作步骤

步骤 1. 建立后台管理页面。

（1）在 Dreamweaver 中建立新的 ASP 页面，选择“文件”→“保存”命令，在弹出的“另存为”对话框中指定保存目录，文件名为“user_list.asp”。

（2）利用表格，建立如图 5-24 所示的后台管理页面。

会员管理页面				
记录	姓名	密码	Email	操作

图 5-24　会员管理页面

步骤 2. 编写会员管理代码。

（1）新建一个 ASP 文件，文件名为 conn.asp，内容如图 5-7 所示。

（2）把 conn.asp 引入到 user_llist.asp 文件中，打开 user_llist.asp 文件，切换到“代码”视图，在第二行中输入以下命令。

```
<!--#include file="../connections/conn.asp"-->
```

（3）输入打开记录集的代码，如图 5-25 所示。

```
<%
set rs=server.createobject("adodb.recordset")
sql="select * from userinfo"
rs.open sql,conn,1,3
%>
<form action="" method="post">
<table width="444" border="1" cellspacing="0" cellpadding="0">
```

图 5-25　打开记录集

（4）用循环语句在表格中输出数据集中的内容，如图 5-26 所示。

```
n=1
do while not rs.eof %>
  <tr>
    <td><div align="center"><%=n%></div></td>
    <td><div align="center"><%=rs("user")%></div></td>
    <td><div align="center"><%=rs("password")%></div></td>
    <td><div align="center"><%=rs("email")%></div></td>
    <td><div align="center"><a href="delete.asp?id=<%=rs("id")%>"
title="删除" target="_blank">删除</a></div>
    </td>
  </tr>
<%
n=n+1
rs.movenext
loop
%>
</table>
```

图 5-26 输出数据集中的内容

（5）关闭记录集和数据连接，代码如图 5-27 所示。

```
<%
  rs.close
  set rs=nothing
  conn.close
  set conn=nothing
%>
```

图 5-27 关闭记录集和数据连接

（6）切换到“设计”视图，在表格的第三行第五个单元格中输入“删除”，选中文字，选择“插入”→“超级链接”命令，弹出“超级链接”对话框，具体参数的设置如图 5-28 所示。

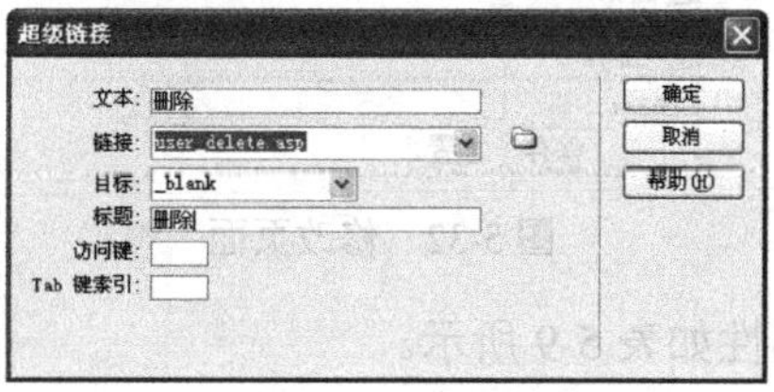

图 5-28 添加超级链接

步骤 3. 添加删除链接并编写删除代码。

（1）新建一个 ASP 页面，将其命名为 user_delete.asp，切换到“代码”视图，引入 conn.asp 文件。

（2）建立数据集并删除选中的记录，代码如图 5-29 所示。

```
<%@LANGUAGE="VBSCRIPT" CODEPAGE="65001"%>
<!--#include file="../connections/conn.asp"-->
<%
set rs=server.createobject("adodb.recordset")
id=request.querystring("id")
sql="select * from userinfo where id=" &id
rs.open sql,conn,2,3
rs.delete
rs.update
    Response.write "<script language=javascript>"
    Response.write "alert('删除成功!');"
    Response.write "</script>"
    response.redirect("user_list.asp")
%>
```

图 5-29 删除记录

（3）关闭记录集和数据连接，代码如图 5-27 所示。

（4）保存文件，打开 user_list.asp 文件，选中“删除”超链接，切换到“拆分”视图，修改超链接地址为加入当前记录 ID 的地址。修改后的代码如图 5-30 所示。

```
<td><div align="center"><a href="user_delete.asp?id=<%=rs("id")%>"
title="删除" target="_blank">删除</a></div>
```

图 5-30　修改“删除”超链接地址

（5）保存文件，运行 user_list.asp 文件，结果如图 5-31 所示。

会员管理页面				
记录	姓名	密码	Email	操作
1	useruser1	useruser1234	user1@126.com	删除
2	useruser3	useruser1234	user3@126.com	删除
3	useruser4	useruser1234	user4@126.com	删除
4	useruser5	useruser1234	user5@126.com	删除
5	useruser6	useruser1234	user6@126.com	删除

图 5-31　运行结果

（6）当想要删除某条记录时，单击记录后面的“删除”超链接，会打开如“删除成功”的窗口。

步骤 4. 添加修改超链接并编写修改的代码。

（1）新建一个 ASP 页面，保存为 user_modify.asp，切换到“代码”视图，引入 conn.asp 文件。

（2）建立如图 5-32 示的页面。

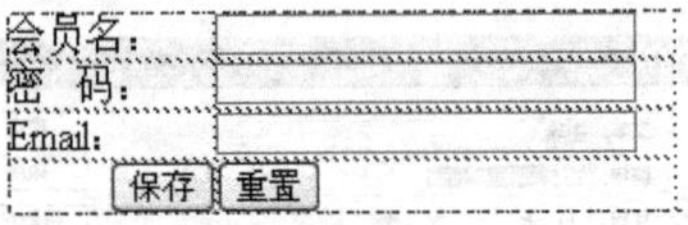

图 5-32　修改页面

（3）表单中各元素的属性如表 5-9 所示。

表 5-9　元素的属性

元素名称	Name 属性	类型
会员名	txtname	text
密码	txtpassword	text
保存	Button1	Submit1
重置	Button2	Reset

（4）引入 conn.asp 文件，打开数据集并获取上一个页面传递的参数 ID，如图 5-33 所示。

```
<%@LANGUAGE="VBSCRIPT" CODEPAGE="65001"%>
<!--#include file="../connections/conn.asp"-->
<%
set rs=server.createobject("adodb.recordset")
id=request.querystring("id")
sql="select * from userinfo where id="&id
id=request("id")
rs.open sql,conn,1,3
%>
```

图 5-33　打开数据集

（5）将表单中的 3 个文本字段赋值为 user_list.asp 网页中选择的记录字段值，代码如图 5-34 所示。

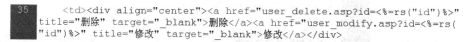

```
        <input type="text" name="txtname" id="txtname" value="<%=rs(
"user")%>" />
        </label>
      </td>
  </tr>  <tr>
    <td><div align="justify">密   码: </div></td>
    <td><label>
      <input type="password" name="txtpassword" id="txtpassword"
value=<%=rs("password")%>/>
    </label></td>
  </tr>  <tr>
    <td><div align="justify">Email: </div></td>
    <td><label>
      <input type="text" name="txtemail" id="txtemail" value="<%=rs(
"email")%>" />
```

图 5-34 为表单元素赋值

（6）设置表单的 action=" user_update.asp"，method="post"。

（7）参照步骤（3）的方法，在“删除”后增加“修改”并设置超链接为 user_modify.asp，切换到“拆分”视图，修改超链接地址为加入当前记录 ID 的地址。修改后的代码如图 5-35 所示。

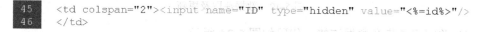

```
    <td><div align="center"><a href="user_delete.asp?id=<%=rs("id")%>"
title="删除" target="_blank">删除</a><a href="user_modify.asp?id=<%=rs(
"id")%>" title="修改" target="_blank">修改</a></div>
```

图 5-35 修改“修改”超链接

（8）关闭记录集和数据连接。

（9）为表单增加隐蔽域，代码如图 5-36 所示。

```
    <td colspan="2"><input name="ID" type="hidden" value="<%=id%>"/>
    </td>
```

图 5-36 为表单增加隐蔽域

（10）运行 list.asp，会进入如图 5-37 所示的页面。

会员管理页面				
记录	姓名	密码	Email	操作
1	useruser1	useruser1234	user1@126.com	删除修改
2	useruser3	useruser1234	user3@126.com	删除修改
3	useruser4	useruser1234	user4@126.com	删除修改
4	useruser5	useruser1234	user5@126.com	删除修改
5	useruser6	useruser1234	user6@126.com	删除修改

图 5-37 会员管理页面

（11）当想要修改某一条记录时，单击记录后面的“修改”超链接，会进入如图 5-38 所示的记录编辑页面。管理者可任意修改其中的参数。

图 5-38 记录编辑页面

（12）单击“保存”按钮，会运行更新后的 user_update.asp 页面。

步骤 5. 设置数据更新。

（1）新建一个 ASP 页面，保存为 user_update.asp，切换到“代码”视图，引入 conn.asp 文件。

（2）打开数据集，代码如图 5-39 所示。

```
<%@LANGUAGE="VBSCRIPT" CODEPAGE="65001"%>
<!--#include file="../connections/conn.asp"-->
<%
set rs=server.createobject("adodb.recordset")
id=request("id")
sql="select * from userinfo  where id="&id&" "
rs.open sql,conn,1,3
%>
```

图 5-39　打开数据集

（3）获取表单中的数据、更新数据集中的数据和更新数据库中的数据的代码如图 5-40 所示。

```
<%
//获取表单中的数据
name=trim(request("txtname"))
password=trim(request("txtpassword")
email=trim(request("txtemail"))
//更新数据集中的数据
rs("user")=name
rs("password")=password
rs("email")=email
//更新数据库中的数据
rs.update
```

图 5-40　数据获取及更新

（4）关闭记录集和数据连接，代码如图 5-24 所示。

（5）运行 user_list.asp，选择一条记录，单击“修改”超链接，在显示修改数据后单击“保存”按钮，系统会弹出如图 5-41 所示的提示信息。

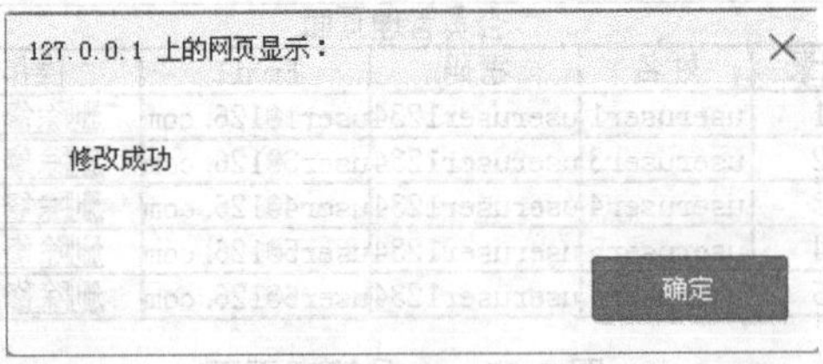

图 5-41　提示信息

知识链接

1. 备注字段的更新

由于备注字段属于可变长度字段类型，ADO 在对可变长度字段进行输入和更新操作前，需要指定更新内容的大小（即 Size 属性），用于分配额外的内存空间，否则容易发生错误。

2. BOF 和 EOF 属性

BOF 属性用来判断当前记录位置是否在 RecordSet 对象的第一个记录之前。EOF 属性用来判断当前记录位置是否在 RecordSet 对象的最后一个记录之后。

如果当前记录位于第一个记录之前，则 BOF 属性将返回 True；如果当前记录为第一个记录或位于其后，则将返回 False。

如果当前记录位于 RecordSet 对象的最后一个记录之后，则 EOF 属性将返回 True；如果当前记录为 RecordSet 对象的最后一个记录或位于其前，则将返回 False。

如果 EOF 或 BOF 属性为 True，则没有当前记录。

拓展与提高

用户名和密码是最重要的用户信息，是用户的唯一识别方式，因此必须对用户信息的传递和存储进行加密。信息的加密必须考虑到客户端和服务器端两方面的加密。在客户端进行加密的意义是用加密的信息代替没有加密的信息在网络中传送，加密信息必须是单向的，是不能还原的。在服务器端进行加密的意义是当服务器受到攻击，数据外泄时，尽可能地不让攻击者得到用户的正确信息。

现在加密算法很多，MD5 是在 ASP 中使用比较多的一种加密算法，它既可以在客户端加密，又可以在服务器端加密。

应用程序在使用 MD5 算法时应首先引入 MD5 文件，格式如下。

```
<! -- #include file="MD5.asp" -- >
```

在实现数据加密时，使用函数 MD5()即可。数据信息加密后的结果为信息存储在数据库中的最终结果。

试一试

如果表中的记录比较多，则在显示会员信息时都显示在一页很不方便，现要求把本项目任务 3 的会员管理页面改为每页显示 5 条记录并设定"上一页"、"下一页"等工具。

总结与回顾

本项目通过网站的用户登录、会员注册和会员管理网页 3 个任务，主要学习了如何使用 ASP 的内置对象和 SQL 语句。通过本项目的学习，用户可以熟练利用 ASP 的内置对象和 SQL 语句把网页中的信息添加到数据库中、熟练查找数据库的信息，以及在网页中修改、删除数据库中的信息。

实训　制作一个登录网页

任务描述

在站点目录下建立一个数据库 data，该数据库中有 3 个表，分别是学生基本情况表 student，表中有学号（num）、姓名（name）、性别（sex）字段；课程表（course），表中有课程名（course）、课程号（courseID）；学生成绩表（score），表中有学生的学号

(num)、课程号(courseID)、成绩(score),现要求编写学生信息管理页面,在该页面中要实现如图 5-42 所示的操作界面,管理者可以通过单击"删除"、"修改"超链接实现相应的功能,并实现分页显示功能。

学生成绩管理页面

学号	姓名	课程名	成绩	操作
0001	王文武	math	90	删除修改
0001	王文武	english	78	删除修改
0002	李月	math	67	删除修改
0003	休	math	90	删除修改
0003	休	english	60	删除修改

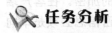

首页|上页|下页|尾页|页次:1/1页

图 5-42 操作界面

任务分析

要实现该任务,需做以下几步工作。

(1)建立数据库与表。

(2)建立 3 个表之间的连接。

(3)连接数据库。

(4)执行 SQL 命令完成数据的相关操作。

(5)利用记录集实现对数据库记录的修改、删除。

(6)分页显示。

习题 5

1. 选择题

(1)在页面之间传递值,可以使用的内置对象是( )。

A. Response B. Request C. Server D. Session

(2)在连接对象中,用于执行 SQL 语句的方法是( )。

A. Open B. Run C. Close D. Execute

(3)记录集 rs 创建后,应使用记录集对象的( )方法来打开记录集。

A. Open B. Run C. Close D. Execute

(4)在 VBScript 脚本语言中,没有返回值的函数是( )。

A. Sub B. len C. mid D. int

(5)执行完如下语句后,显示结果是( )。

```
<%
Dim a
a="VBScript"
response.write(mid(a,3))
%>
```

A. "VBS" B. "Script" C. "Sc" D. "Scr"

(6)如果刚打开了一个含有一条记录的记录集,那么 BOF 的值是( )。

A. NULL B. True C. False D. 1

（7）下列不属于 Response 对象的方法的是（　　）。

A．Expires　　B．Flush　　C．Write　　D．Redirect

（8）关于 VBScript 过程，下列说法错误的是（　　）。

A．call 语句用于 Sub 或 Function 过程的调用

B．调用 Function 过程时 call 语句可以省略，但是调用 Sub 过程时不可以省略

C．Function 函数可以有返回值

D．使用 Exit Function 语句可以从 Function 过程中立即退出

2．填空题

（1）Session 对象在默认情况下服务器只保留________分钟。

（2）在文件的开头引用________语句，可以把一个文件的内容插入到文件中。

（3）在 ASP 中，创建对象通常用________方法来实现。

（4）表单的________递交方式可以将表单中填写的内容合并到 URL 中并提交给目标页。

（5）建立与数据库的连接时，有时关闭与数据库的连接可以节省内存资源，可以使用 Connection 对象的________方法来实现。

3．简答题

（1）如何编写子程序和函数？

（2）如何利用 ADO 的 Connection 对象连接数据？

（3）如何利用记录集对数据库中的记录进行增加、修改和删除操作？

项目 6 网上调查系统

调查系统是为了了解某事物的相关情况而提出的一系列问题。随着网络的出现，网上调查系统也随之出现，极大地方便了人们对某一事物的了解。网上调查系统可广泛应用在网民对某个主题活动的投选活动中，它具有操作简便、易于统计并实时显示等特点，这也使得网络上各站点能够轻松应用到具体的调查中。本项目将介绍网上调查系统的开发设计过程。

项目目标

（1）熟悉网上调查系统的设计分析；
（2）掌握调查页面的创建；
（3）掌握查看调查结果页面的制作。

项目描述

网上调查系统也称在线问卷调查系统，是一种在网站上设置一个调查问卷，由用户在线投票的统计结果直接显示出来的调查工具。调查活动的发起者只要在网站上设置一个调查问卷，即可在全国乃至全世界范围内得到访问者的反馈信息，通过统计分析可以得出有用信息并提供决策支持。

任务 1 创建调查页面

任务目标

（1）了解调查页面的功能；
（2）掌握调查页面的设计方法。

任务描述

调查页面是调查系统的一个关键页面，在此页面中主要是被调查对象填写相关内容并提交给后台的数据库。整个页面布局如图 6-1 所示。

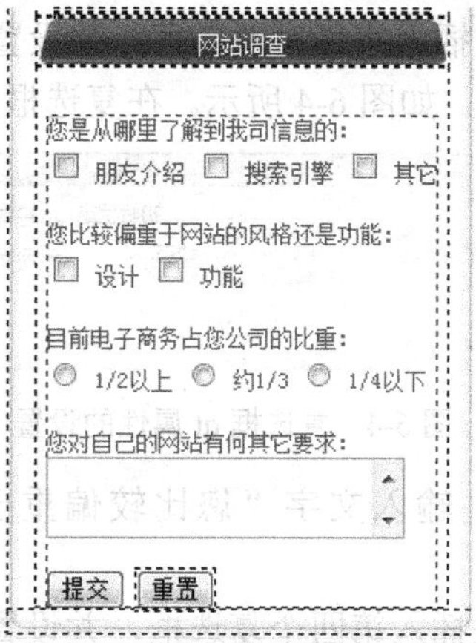

图 6-1 网站调查页面布局

任务分析

调查页面的制作要点：插入表单及表单对象，设置“插入记录”服务器行为。

操作步骤

步骤 1．静态页面制作。

（1）将光标定位在标签<div#vote>中。

（2）选择“插入”→“表单”→“表单”命令或者单击“插入”工具栏中的表单按钮。

（3）将光标定位在表单内，输入文字“您是从哪里了解到我司信息的:”，按【Shift+Enter】组合键。

（4）选择“插入”→“表单”→“复选框”命令，并设置其属性，名称为“pyjs”，选定值为“1”，初始状态为“未选中”，如图 6-2 所示。

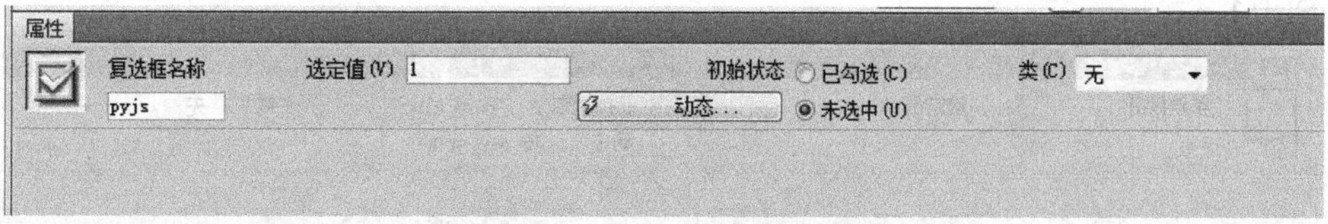

图 6-2 复选框 yyjs 属性的设置

（5）光标定位在复选框后面，输入文字“朋友介绍”

（6）按照步骤（3）的方法插入第二个复选框，并设置其属性，名称为“ssyq”，选定值为“1”，初始状态为“未选中”，如图 6-3 所示。在复选框后面输入文字“搜索引擎”。

图 6-3 复选框 ssyq 属性的设置

（7）按照步骤（3）的方法插入第三个复选框，并设置其属性，名称为“qt”，选定值为“1”，初始状态为“未选中”，如图 6-4 所示。在复选框后面输入文字“其他”。

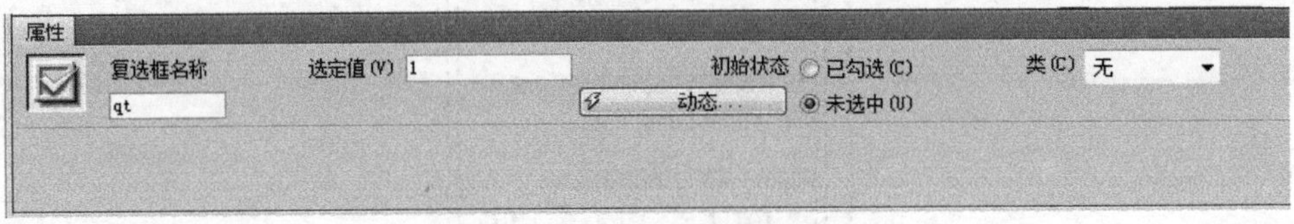

图 6-4　复选框 qt 属性的设置

（8）按 Enter 键换行后，输入文字“您比较偏重于网站的风格还是功能:”，按 Shift+Enter 组合键。

（9）按照步骤（3）的方法插入第四个复选框，并设置其属性，名称为“sj”，选定值为“1”，初始状态为“未选中”。在复选框后面输入文字“设计”。

（10）按照步骤（3）的方法插入第五个复选框，并设置其属性，名称为“gn”，选定值为“1”，初始状态为“未选中”。在复选框后面输入文字“功能”。

（11）按【Enter】键换行后，输入文字“目前电子商务占您公司的比重:”，按【Shift+Enter】组合键。

（12）按【Shift+Enter】组合键后，选择“插入”→“表单”→“单选按钮”命令，并设置其属性，名称为“bz”，选定值为“1”，如图 6-5 所示。在单选按钮后面输入文字“1/2 以上”。

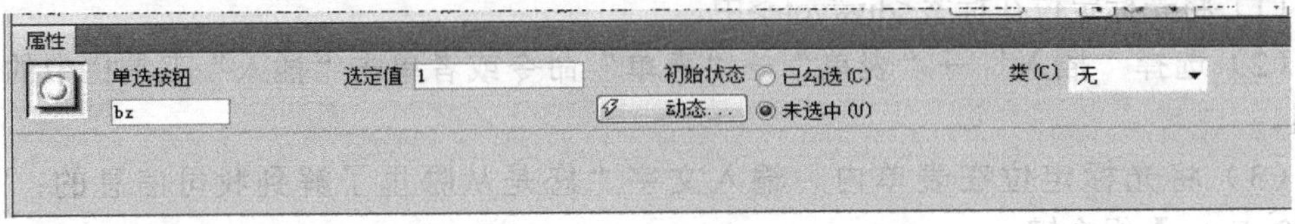

图 6-5　单选按钮 bz 属性的设置（一）

（13）按照步骤（12）的方法插入第二个单选按钮，其属性如图 6-6 所示，并输入文字“约 1/3”。

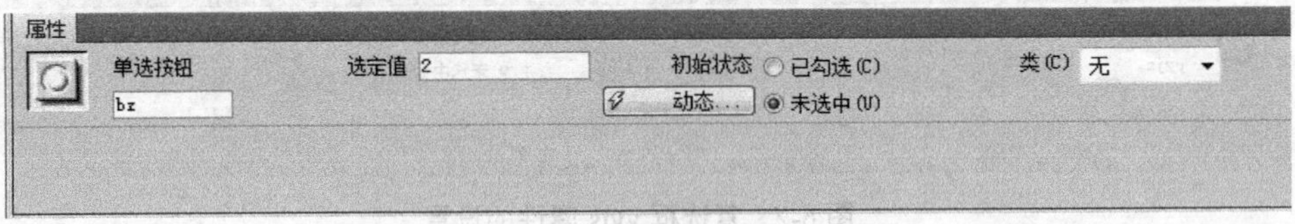

图 6-6　单选按钮 br 属性的设置（二）

（14）按照步骤（12）的方法插入第三个单选按钮，其属性如图 6-7 所示，并输入文字“1/4 以下”。

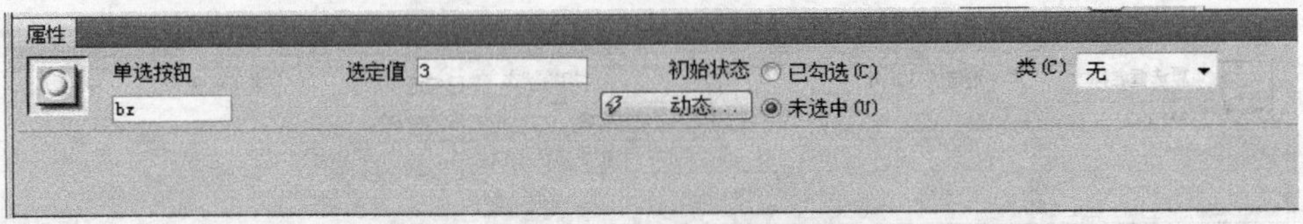

图 6-7　单选按钮 bz 属性的设置（三）

（15）按【Enter】键换行后，输入文字“您对自己的网站有何其他要求：”，按Shift+Enter组合键。

（16）选择“插入”→“表单”→“文本区域”命令，并设置其属性，文本域为“yq”，字符宽度为“25”，行数为“3”，类型为“多行”，如图6-8所示。

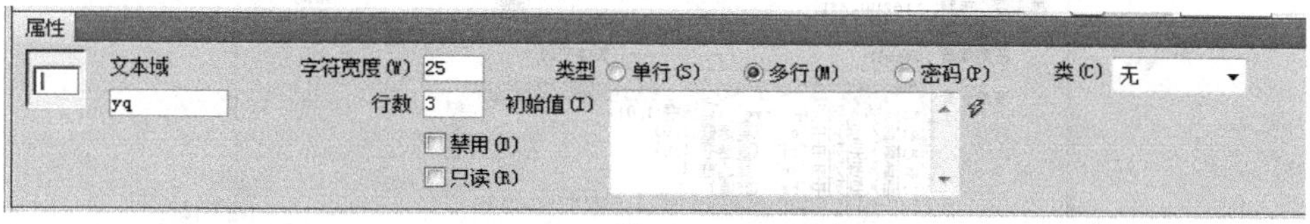

图6-8　文本域yq属性的设置

（17）在文本域之后换行，选择“插入”→“表单”→“按钮”命令，并设置其属性，值为“提交”，动作为“提交表单”。如图6-9所示。

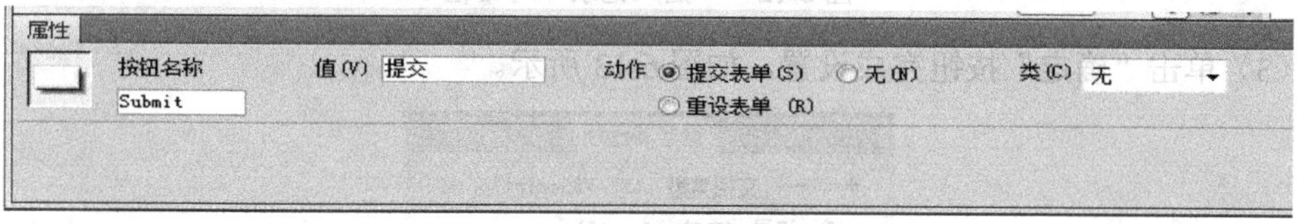

图6-9　提交按钮的属性设置

（18）按上述方法，插入另一个按钮，并设置其属性，值为“重置”，动作为“重设表单”，如图6-10所示。

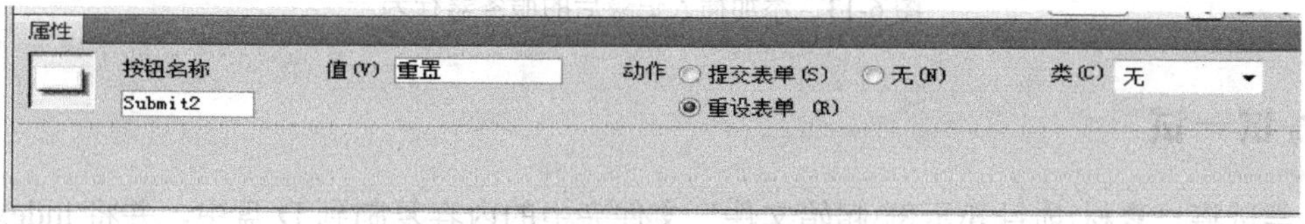

图6-10　重置按钮的属性设置

（19）至此。整个静态布局完成。

步骤2. 使用“插入记录”服务器行为。

（1）打开“服务器行为”面板，在面板中单击按钮 **+**，在弹出的下拉列表中选择“插入记录”选项，如图6-11所示。

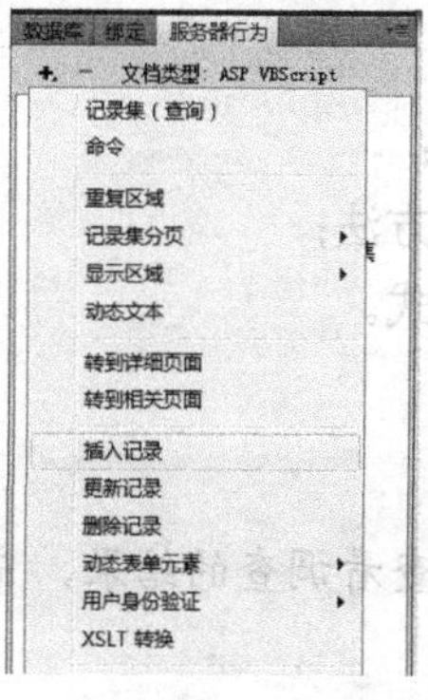

图6-11　选择“插入记录”选项

（2）在弹出的“插入记录”对话框中，设置“连接”为“diaocha”，“插入到表格”为

“diaocha”,“插入后转”到为“jieguo.asp”,“获取值自”为“form1”。如图 6-12 所示。

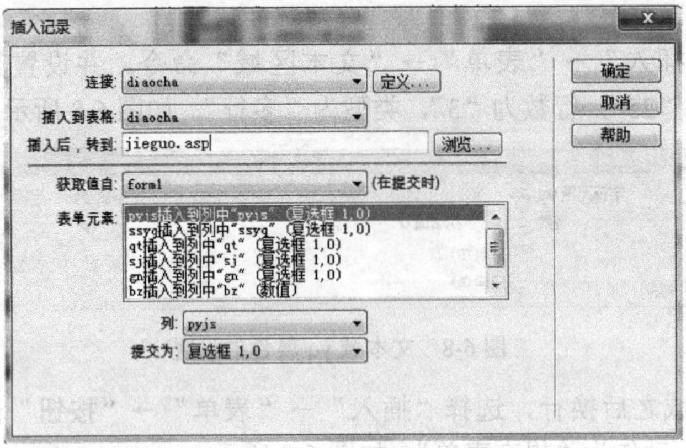

图 6-12 “插入记录”对话框

（3）单击“确定”按钮完成设置，如图 6-13 所示。

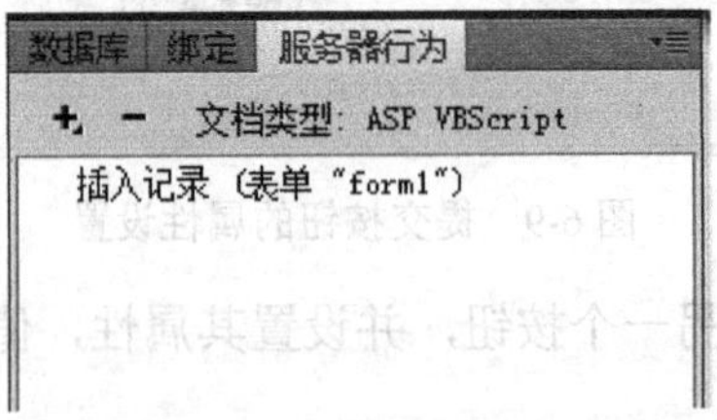

图 6-13 添加插入记录后的服务器行为

试一试

尝试将“素材\项目 6\示例\起始文件”文件夹中的内容复制到 D 盘中，并将 index.htm 页面另存为 diaocha.asp，在页面中建立一个关于环保问题的调查页面。

任务 2 查看调查结果页面

任务目标

（1）了解调查结果页面的功能；

（2）掌握调查结果页面的设计方法；

（3）掌握创建记录集的高级方式。

任务描述

参与网上调查问卷时，可即时查看调查的结果，充分体现网络的便捷性及信息的即时反馈，结果如图 6-14 所示。

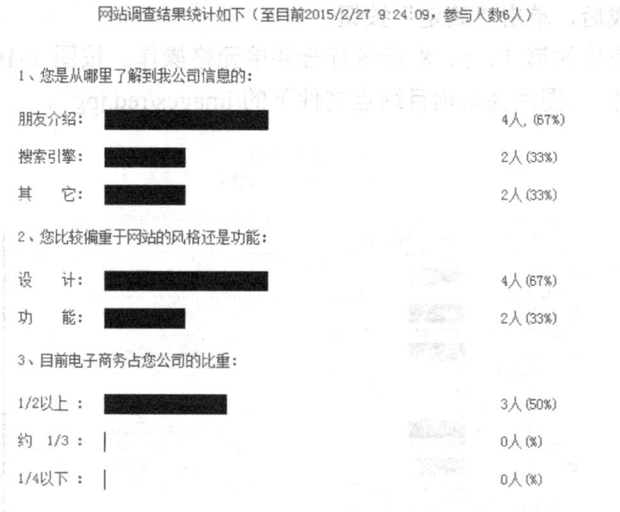

图 6-14　调查结果

任务分析

调查结果页面一般是对调查信息的即时统计，如总数的统计、百分比、图例的展示等内容。通过绑定记录集（查询）的高级应用（即 SQL）可以实现相对复杂的功能的统计。

操作步骤

步骤 1. 静态页面的制作。

（1）双击打开站点中的 jieguo.asp 页面。

（2）将光标定位在要编辑的区域，输入第一行文字“网站调查结果统计如下”，按【Enter】键换行后输入文字“(至目前时间，参与人数 X 人)”。

（3）光标定位到下一行，选择“插入”→“表格”命令，弹出“表格”对话框，设置行数为“11”，列数为“3”，边框粗细为“0”，单元格间距和边距均为“4”，如图 6-15 所示。

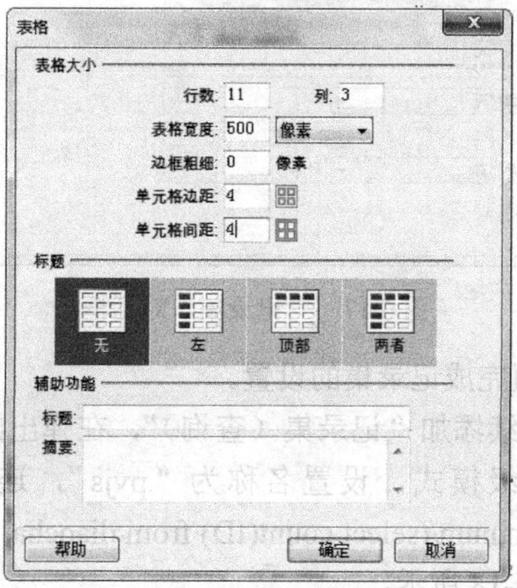

图 6-15　插入表格

（4）设置完成后，单击“确定”按钮。

（5）将插入表格的第 1、5、8 行进行合并单元格操作。按图 6-16 所示输入相关文字并插入对应的图片，（图片为本项目站点文件下的/images/red.jpg）。

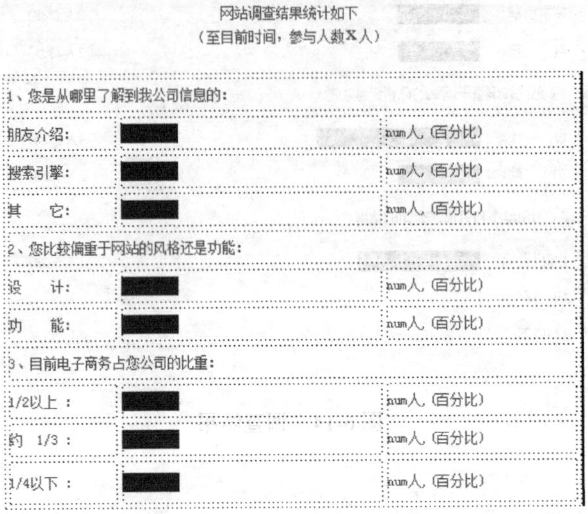
网站调查结果统计如下
（至目前时间，参与人数X人）
1、您是从哪里了解到我公司信息的:
朋友介绍:
num人，(百分比)
搜索引擎:
num人，(百分比)
其　它:
num人，(百分比)
2、您比较偏重于网站的风格还是功能:
设　计:
num人，(百分比)
功　能:
num人，(百分比)
3、目前电子商务占您公司的比重:
1/2以上 :
num人，(百分比)
约 1/3 :
num人，(百分比)
1/4以下 :
num人，(百分比)

图 6-16　“静态页面”效果

步骤 2. 创建记录集（查询）。

（1）打开“绑定”面板，单击面板中的按钮 +，在弹出的下拉列表中选择“记录集（查询）”选项。

（2）在弹出的“记录集”对话框中设置名称为“rst1”，连接为“diaocha”，表格为“diaocha”，列为“选定的”ID，排序为“ID 升序”，如图 6-17 所示。

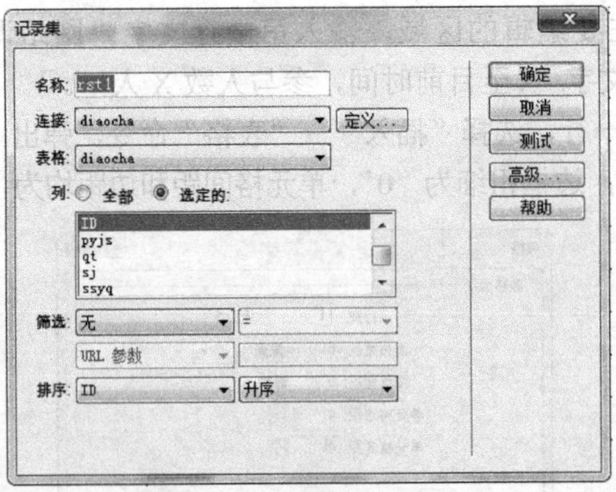

图 6-17　“记录集”对话框

（3）单击“确定”按钮完成记录集的设置。

（4）按照步骤（1）继续添加“记录集（查询）”，在弹出的“记录集”对话框中单击“高级”按钮，切换到高级模式，设置名称为“pyjs”，连接为“diaocha”，SQL 为“SELECT count(pyjs) as num,num/(select count(ID) from diaocha) as mypercent FROM diaocha WHERE pyjs=true”，如图 6-18 所示。

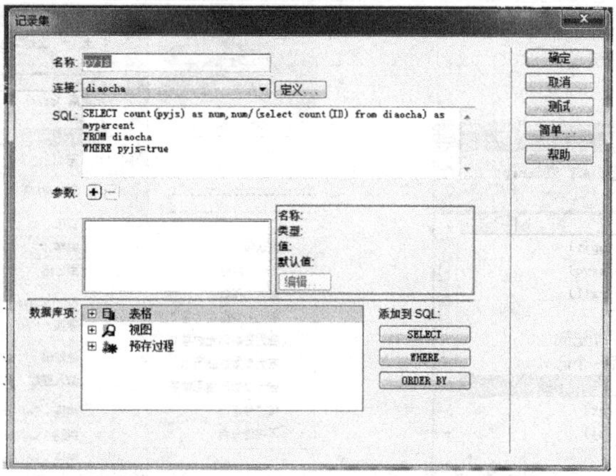

图 6-18　pyjs 的“记录集”对话框

（5）按照步骤（4）的方法创建 ssyq 记录集。SQL 代码为“SELECT count(ssyq) as num,num/(select count(ID) from diaocha) as mypercent FROM diaocha WHERE ssyq=true”，如图 6-19 所示。

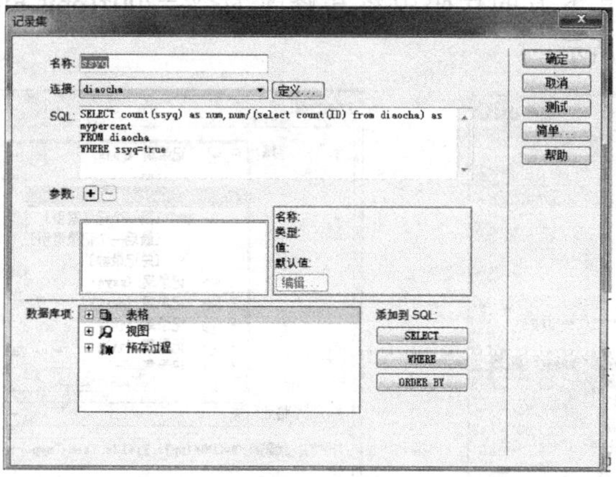

图 6-19　ssyq 的“记录集”对话框

（6）在“文档”选项卡中，单击列表框左侧的向上按钮，将 first.htm 移至列表框顶部，单击“确定”按钮。

步骤 3．绑定动态字段及其格式。

（1）选中文字“时间”，将视图切换到“拆分”视图，在代码选中区输入代码 <%=now()%>。

（2）选中文字“参与人数 X 人”中的“X”，展开“绑定”面板中 rst1 记录集，选择“[总记录数]”字段，单击右下角的“插入”按钮，如图 6-20 所示。

（3）选中“朋友介绍:”所在行的“X”文字，在“绑定”面板中展开 pyjs 记录集，选择“num”字段，单击“插入”按钮，将其绑定到页面中。

（4）使用同样的方法将“mypercent”字段插入到页面中，选中页面中的{ppjs.mypercent}，在“绑定”面板中，设置百分比的显示格式为“舍入为整数”，如图 6-21 所示。

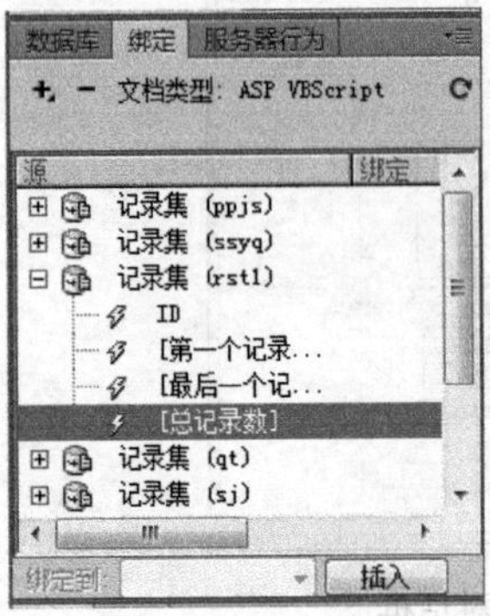

图 6-20　绑定字段

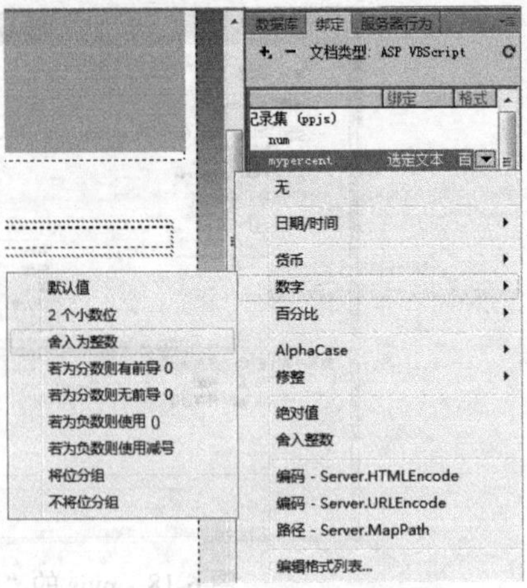

图 6-21　显示格式的设置

（5）选中“朋友介绍”所在行的图片，打开“标签检查器”面板，如图 6-22 所示，展开“常规”节点，单击图标，弹出“动态数据”对话框，展开 pyjs 记录集，选中 mypercent 字段，在其下方的代码中将其修改为<%=200*(ppjs.Fields.Item("mypercent").Value)%>，如图 6-23 所示。

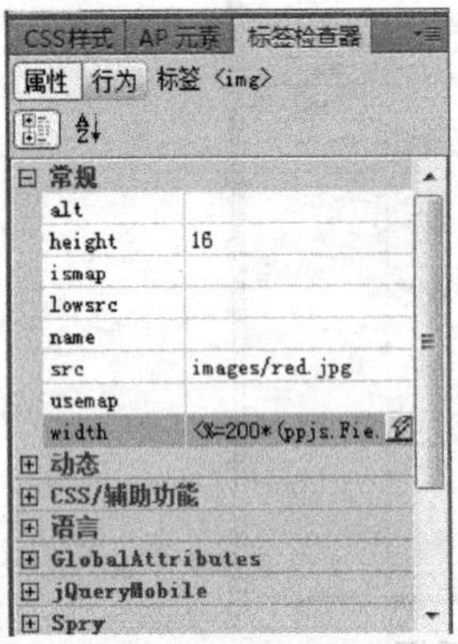

图 6-22　“标签检查器”面板

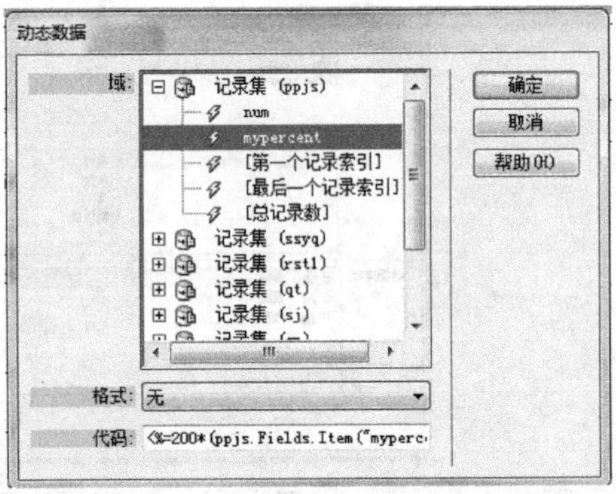

图 6-23　“动态数据”对话框

（6）按照步骤（2）～步骤（5）重复制作其他内容，效果如图 6-24 所示。

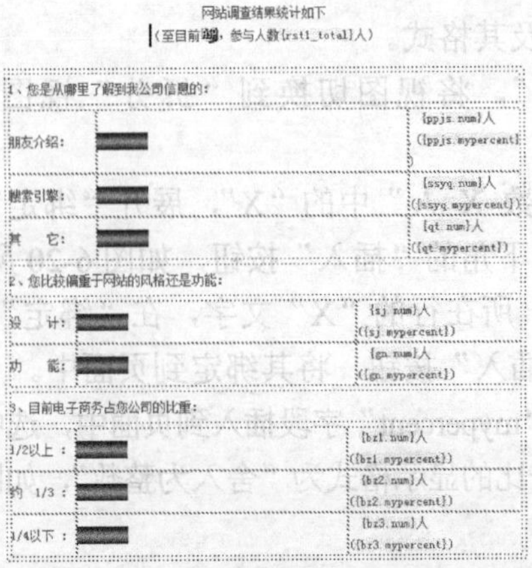

图 6-24　调查结果统计页面效果

知识链接

（1）SQL 是一种特殊目的的编程语言，是一种数据库查询和程序设计语言，用于存取数据，以及查询、更新和管理关系数据库系统；它也是数据库脚本文件的扩展名。

（2）标签检查器：使用“标签检查器”面板可以对标签进行编辑，选择“窗口”→“标签检查器”命令，可打开“标签检查器”面板。在面板中可对标签的属性进行设置。其属性列表如图 6-25 所示。

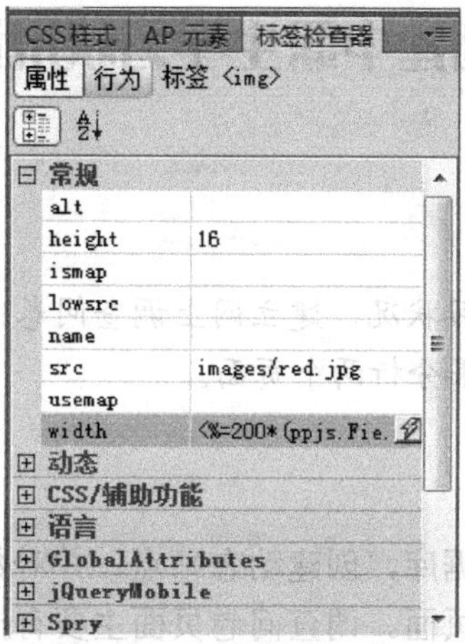

图 6-25 “标签检查器”面板

拓展与提高

SELECT 语句是 SQL 中的一条语句，返回用指定的条件在一个数据库中查询的结果，返回的结果被看做记录的集合。

SELECT 语句的格式如下。

```
SELECT字段名列表 FROM 表名 [WHERE 条件] [ORDER BY 排序字段名]
```

举例说明如下。

1．显示前 10 条记录的命令如下。

```
select top 10 * form table1
```

2．查询所有年龄在 18 岁以下的学生姓名及其年龄，命令如下。

```
select  sname, sage
from  student
where  sage<18
```

试一试

尝试自己创建一个关于环境调查结果的页面，要求页面布局合理，统计分析合理。

总结与回顾

网上调查系统实现了即时、互动式的问卷调查服务。通过网上调查系统企业能迅速了解社会不同层次、不同行业的人员对企业网站的建议，企业收集这些信息后合理采纳相关建议，进行及时的修改。

实训　创建中职生学习状况调查系统

任务描述

通过分析中职生目前的学习状况，建立网上调查问卷，并对调查问卷进行分析。该系统主要建立调查问卷和调查结果分析两个页面。

任务分析

该任务需要创建对应的数据库，创建动态站点，并对数据库进行连接，以及创建调查问卷页面和调查问卷结果分析页面。调查问卷页面主要有插入表单及表单对象、设置“插入记录”服务器行为两个操作。调查问卷结果分析页面主要是进行静态页面的布局、创建记录集和绑定字段等操作。

习题 6

1．简答题

网上调查系统有什么功能？主要包括哪些页面？

2．操作题

学生表（st）有 8 个字段：学号、姓名、性别、出生日期、年龄、地址、所学专业、入学平均成绩。其中学号是主键。用 SQL 语句完成下列功能：

（1）查找所有来自四川省的学生的姓名。

（2）统计入学平均成绩大于 85 分的学生的人数。

项目 7
客户反馈系统

客户反馈系统是企业了解客户需求的一个重要途径。通过反馈系统客户可即时将意见传达给企业，同时企业可随时掌握客户的反馈信息，以达到交流与沟通的实时与便捷。本项目将介绍客户反馈系统的开发设计过程。

项目目标

（1）熟悉客户反馈系统的设计分析；
（2）掌握客户反馈系统数据库表的创建；
（3）掌握客户反馈功能的创建；
（4）掌握反馈信息管理的制作。

项目描述

本项目将通过 3 个任务来说明客户反馈系统的结构、系统数据库的设计，以及如何利用 Dreamweaver CS6 实现客户反馈功能和反馈信息管理功能。

任务 1 客户留言页面

任务目标

（1）掌握客户反馈页面的布局；
（2）掌握“插入记录”服务器行为的实现方法。

任务描述

客户留言功能主要包括留言性质、姓名、QQ、Email、首页及留言内容等信息。客户提交所填信息内容至后台数据库，从而实现发表留言的功能。整个页面布局如图 7-1 所示。

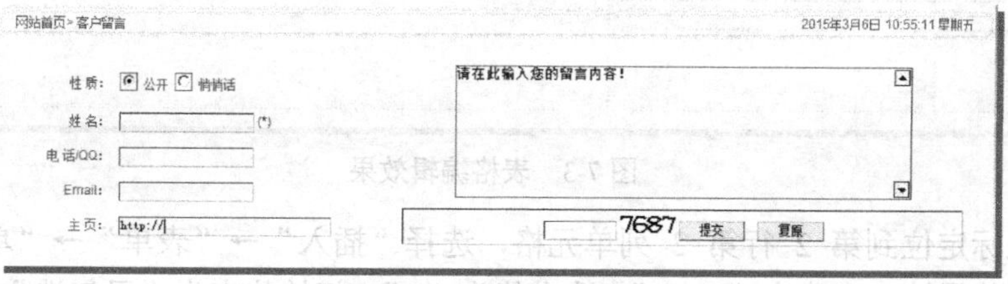

图 7-1 客户留言页面

任务分析

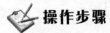

客户留言功能的实现其实质是数据的提交，所以制作要点如下：插入表单、行为的设置及“插入记录”服务器行为。

操作步骤

素材提供路径为 www.qyw.sh.cn\plus\book\index.htm。

步骤 1. 静态页面制作。

（1）将光标定位在标签<div#main>中。

（2）选择“插入”→“表单”→“表单”命令或者单击“插入”工具栏中的表单按钮。

（3）选择“插入”→“表格”命令，弹出“表格”对话框，并设置表格大小，行数为“7”，列数为“3”，表格宽度为“900”像素，边框粗细、单元格边距和间距均为“0”，如图 7-2 所示。

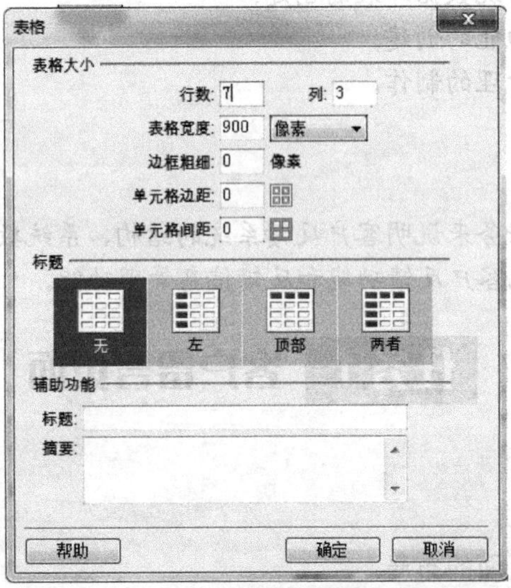

图 7-2 插入表格

（4）在此表格中按图 7-3 合并单元格、调整好单元格的大小，并输入相应的文字。

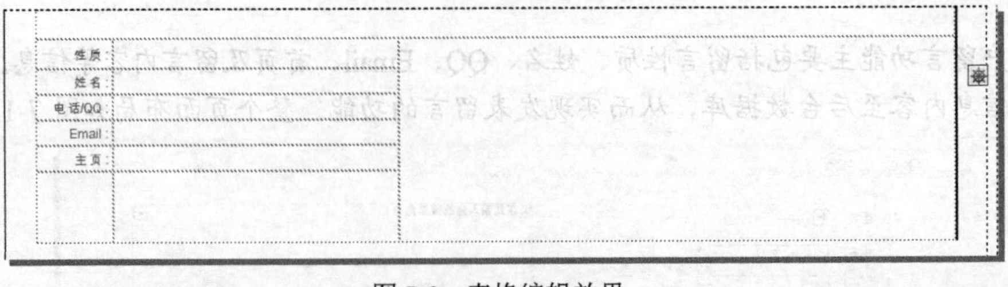

图 7-3 表格编辑效果

（5）光标定位到第 2 行第 2 列单元格，选择“插入”→“表单”→“单选按钮”命令，并设置其属性，名称为“show”，选定值为“0”，初始状态为“已勾选”，如图 7-4 所示，在其后输入文字“公开”。

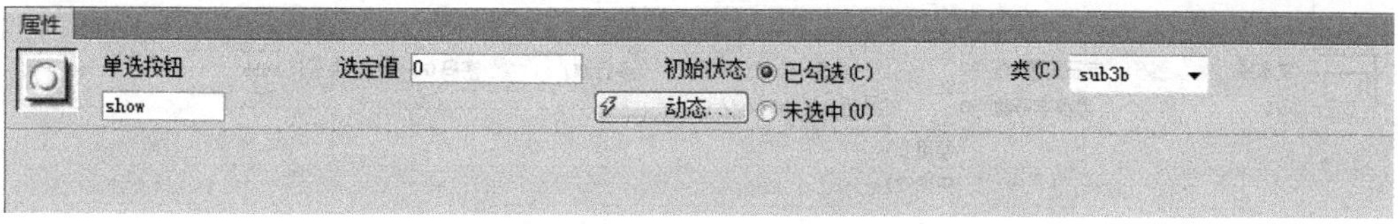

图 7-4 添加“公开”单选按钮

（6）按照上面的方法插入另一个单选按钮，其属性如下：名称为“show”，选定值为“1”，初始状态为“未勾选”，如图 7-5 所示，在其后输入文字“悄悄话”。

图 7-5 添加“悄悄话”单选按钮

（7）光标定位到表格的第 3 行第 2 列，选择“插入”→“表单”→“文本域”命令，并设置其属性：名称为“name”，字符宽度为“20”，最多字符数为“20”，如图 7-6 所示。在其后输入文字“(*)”。

图 7-6 插入文本域“name”

（8）光标定位到表格的第 4 行第 2 列，选择“插入”→“表单”→“文本域”命令，并设置其属性：名称为“qq”，字符宽度为“20”，最多字符数为“30”，如图 7-7 所示。

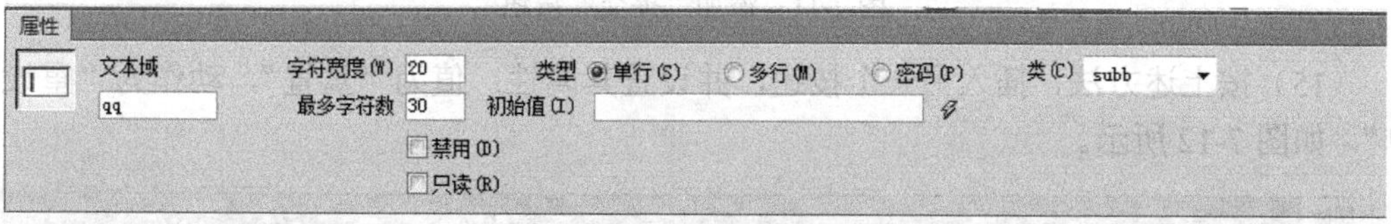

图 7-7 插入文本域“qq”

（9）光标定位到表格的第 5 行第 2 列，选择“插入”→“表单”→“文本域”命令，并设置其属性：名称为“mail”，字符宽度为“20”，最多字符数为“50”，如图 7-8 所示。

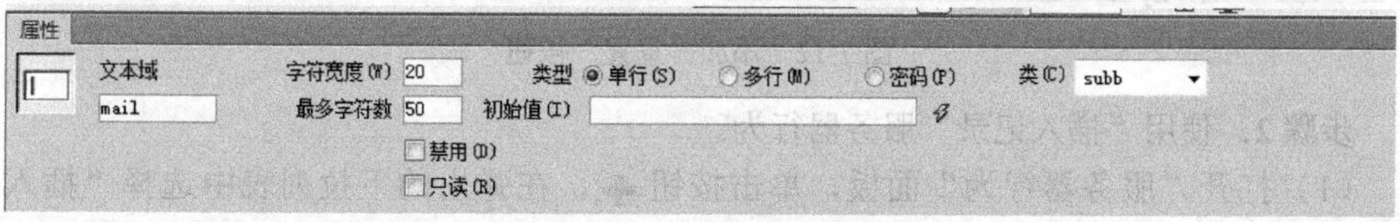

图 7-8 插入文本域“mail”

（10）光标定位到表格的第 6 行第 2 列，选择“插入”→“表单”→“文本域”命令，并设置其属性：名称为“url”，字符宽度为“22”，最多字符数为“50”，初始值为“http://”，如图 7-9 所示。

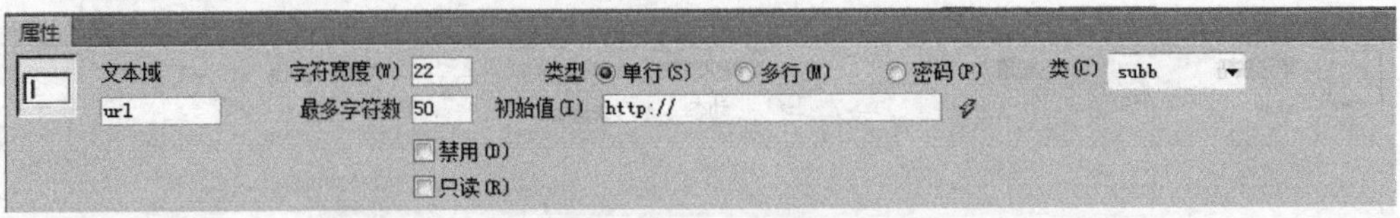

图 7-9 插入文本域“url”

（11）光标定位到表格的第 2 行第 3 列，插入一个 4 行 1 列、宽度为 100%，边框粗细、内填充和外边距均为 0 的表格。

（12）光标定位到内嵌表格的第 1 行，选择“插入”→“表单”→“文本区域”命令，并按图所 7-10 设置其相关属性：文本域为“nr”，字符宽度为“60”，行数为“8”，类型为“多行”，初始值为“请在此输入您的留言内容！”。

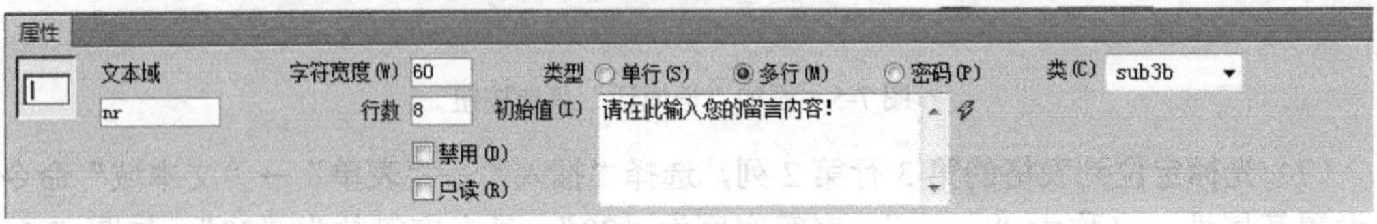

图 7-10 插入文本区域

（13）将光标定位到内嵌表格的第 2 行，设置此单元格的高度为 10。

（14）将光标定位到内嵌表格的第 3 行，选择“插入”→“表单”→“按钮”命令，并设置其属性：值为“提交”，动作为“提交表单”，如图 7-11 所示。

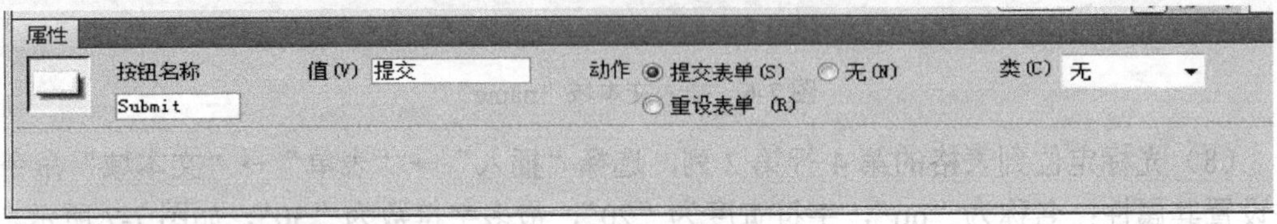

图 7-11 添加“提交”按钮

（15）按上述方法，插入另一个按钮，并设置其属性：值为“重置”，动作为“重设表单”，如图 7-12 所示。

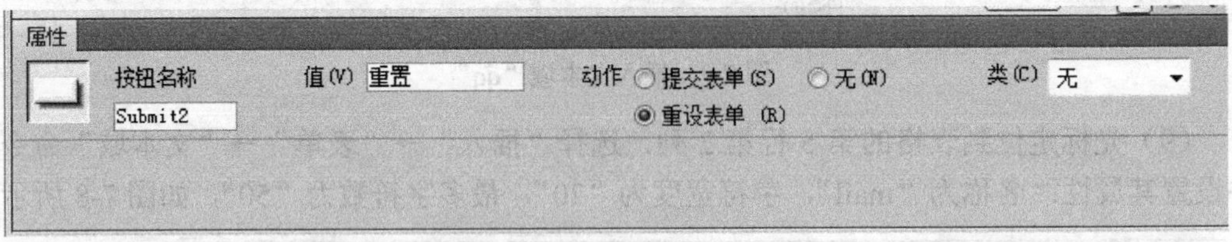

图 7-12 添加“重置”按钮

步骤 2. 使用“插入记录”服务器行为。

（1）打开“服务器行为”面板，单击按钮 +，在弹出的下拉列表中选择“插入记录”选项，如图 7-13 所示。

（2）在弹出的“插入记录”对话框中，设置“连接”为“diaocha”，“插入到表格”为“diaocha”，插入后，“转到”为“jieguo.asp”，“获取值自”为“form1”，如图 7-14 所示。

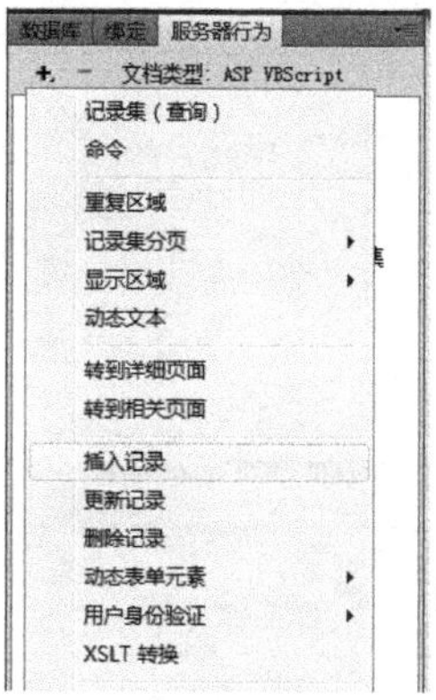

图 7-13 “插入记录”选项

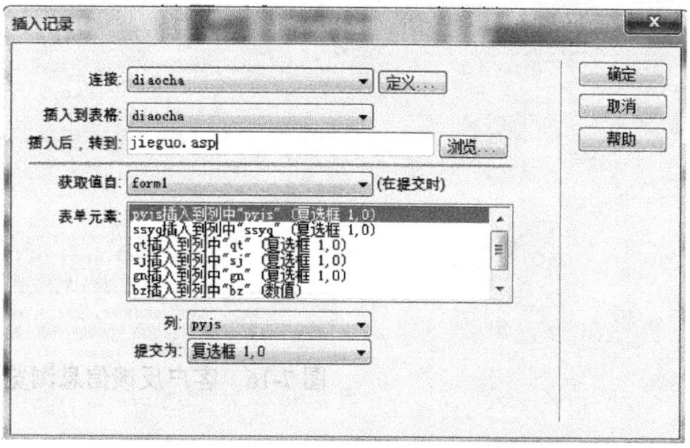

图 7-14 “插入记录”对话框

（3）单击“确定”按钮完成设置，如图 7-15 所示。

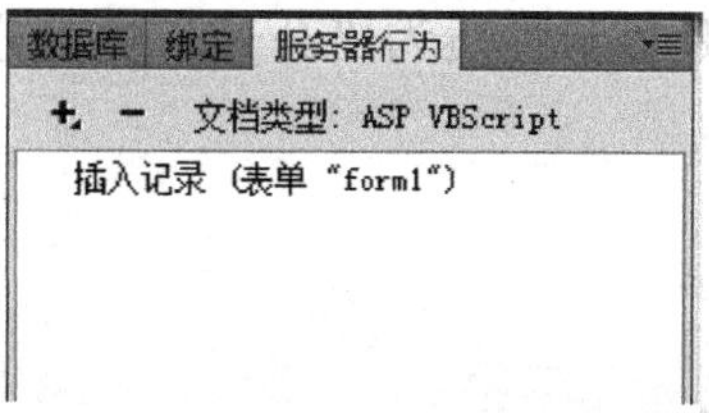

图 7-15 插入记录行为后的“服务器行为”面板

试一试

尝试将本书素材“素材\项目 7\示例\原始文档”文件夹中的内容复制到 D 盘中，将 index.htm 另存为 liuyan.asp 页面。在页面中按样张设计效果页面，并实现动态提交功能。

任务 2 客户反馈信息浏览页面

任务目标

（1）了解客户反馈信息浏览页面的功能设计；

（2）掌握客户反馈信息浏览页面的制作方法。

任务描述

客户反馈信息时，可即时查看到一系列已同意公开的信息内容。其中，信息内容主要包含客户的记录号、姓名、QQ、Email，以及其首页和详细的留言内容，效果如图 7-16 所示。

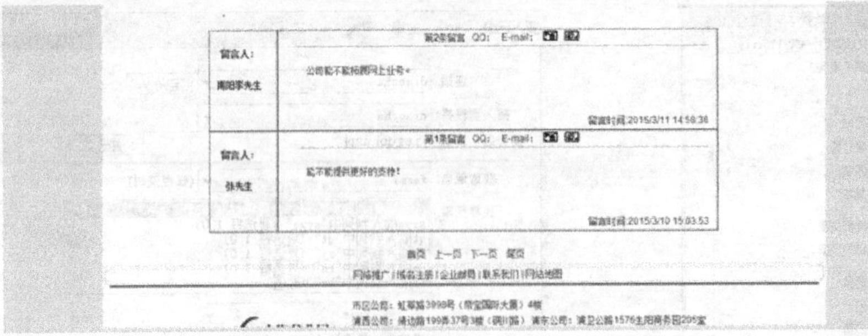

图 7-16　客户反馈信息浏览页面的效果

任务分析

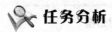

此任务同样用于解决如何将数据库中的数据显示出来，但不同的是，它并不是将所示信息内容显示出来而只是显示性质为“公开”的部分记录集，即记录集的创建是有筛选条件的。

操作步骤

步骤 1. 静态页面的制作。

（1）打开素材页面。

（2）光标定位到要编辑的区域，选择“插入”→“表格”命令，弹出“表格”对话框，设置行数为 2，列数为 1，宽度为 900 像素，边框粗细为 0，单元格间距和边距均为 0。

（3）光标定位到第 1 行的单元格中，输入文字“您的位置：上海企业网>>我要留言”。

（4）在表格的下面插入另一个表格，其属性如下：1 行 2 列、宽 674 像素、边框为 0、填充边距为 0，且居中对齐。

（5）在第 1 个单元格内输入文字“留言人：上海企业网”。

（6）在第 2 个单元格内插入一个内嵌的表格，其属性如下：3 行 2 列、宽为 96%、边框为 0、填充边框为 0，且居中对齐。输入相应的文字，并插入对应的图片。其效果如图 7-17 所示。

图 7-17　插入并编辑表格

步骤 2. 创建记录集（查询）。

（1）打开“绑定”面板，单击按钮 **+**，在弹出的下拉列表中选择“记录集（查询）”选项。

（2）在弹出的“记录集”对话框中设置名称为“Rst1”，连接为“diaocha”，SQL 为“SELECT * FROM liuyan WHERE show=0　ORDER　BY　ID　DESC”，排序为 ID 降序，如图 7-18 所示。

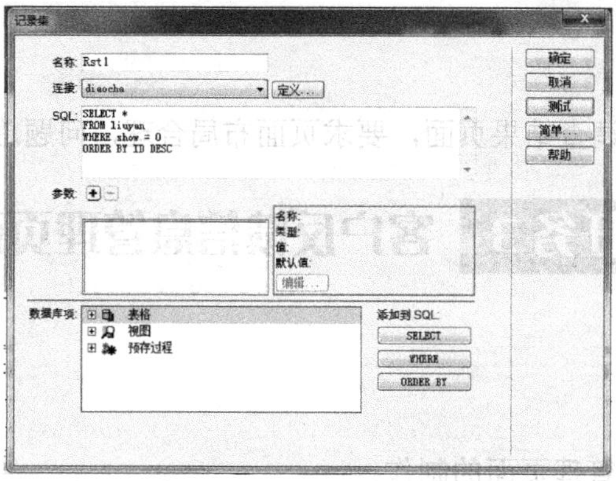

图 7-18 “记录集”对话框

（3）单击“确定”按钮完成记录集的设置。

步骤 3. 绑定字段。

（1）选择页面中的文字“上海企业网”，在“绑定”面板中单击记录集 Rst1 前面的“+”按钮，展开记录集，选择“name”字段，单击“插入”按钮。

（2）选择页面中的文字“第 1 条留言”中的“1”，在“绑定”面板中的记录集 Rst1 节点下选择“ID”字段，单击“插入”按钮。

（3）使用同样的方法完成 QQ、Email、首页、留言内容等字段的绑定。

步骤 4. 服务器行为的设置。

（1）选中整个表格，在“服务器行为”面板中，单击“+”按钮，在弹出的下拉列表中选择“重复区域”选项。

（2）光标定位到表格的下一行，选择“插入”→“数据对象”→“记录集分页”→“记录集导航条”命令。

知识链接

（1）标签检查器：在“标签检查器”面板中可以编辑标签，选择“窗口”→“标签检查器”命令，即可打开“标签检查器”面板，面板中主要有常规、浏览器特定的、CSS/辅助功能等选项可供设置，如图 7-19 所示。

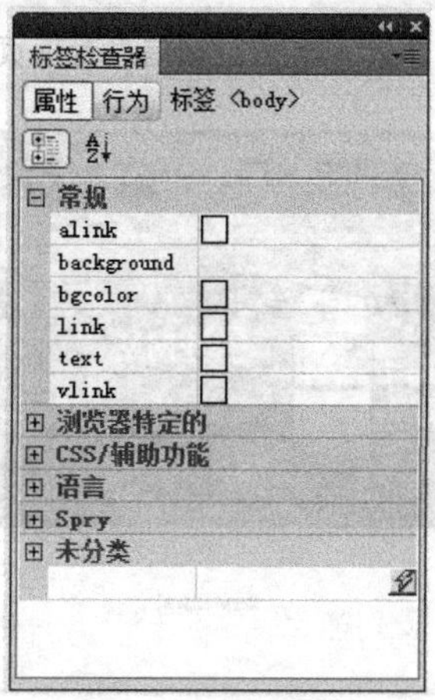

图 7-19 “标签检查器”面板

试一试

尝试自己创建一个调查结果页面，要求页面布局合理，问题总结到位。

任务3 客户反馈信息管理页面

任务目标

（1）掌握反馈信息管理页面的制作；
（2）掌握删除留言页面的制作；
（3）掌握留言回复页面的制作。

任务描述

留言管理系统的页面只有管理员才能浏览。一般情况下，后台管理系统应该为管理员提供删除功能、修改功能及回复功能。客户反馈信息管理页面如图 7-20 所示，删除留言页面如图 7-21 所示，留言回复页面如图 7-22 所示。

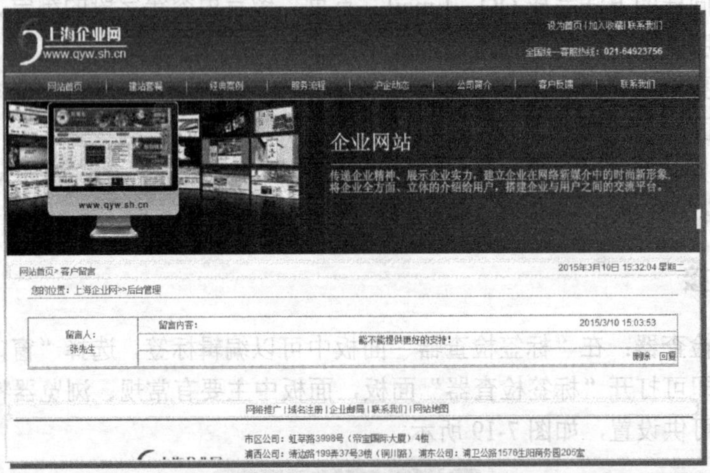

图 7-20　客户反馈信息管理页面

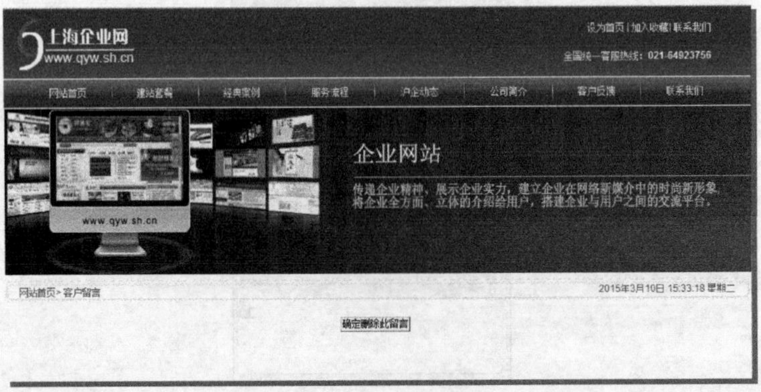

图 7-21　删除留言页面

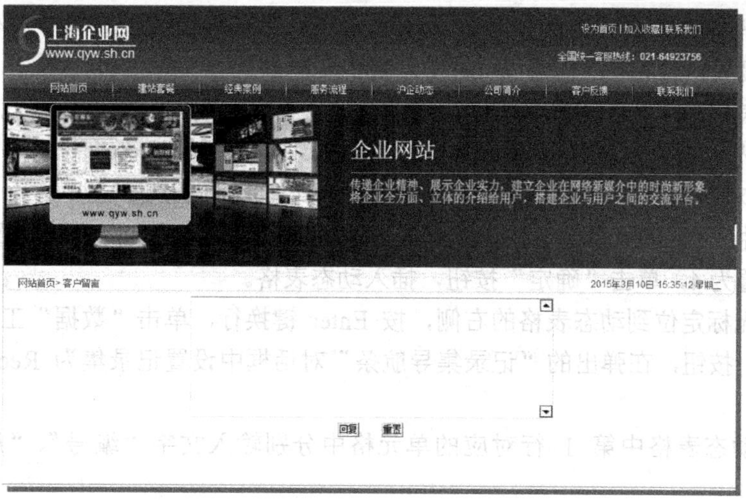

图 7-22 留言回复页面

任务分析

客户反馈信息管理页面主要用于管理员进行浏览和管理，其主要通过显示后台数据库的数据来实现。而删除留言功能主要通过设置删除记录服务器行为来实现。留言回复功能主要通过管理员填写回复内容来实现数据记录行的更新。这 3 个页面都应该设置“限制对页面的访问”服务器行为。

操作步骤

步骤 1. 留言管理页面。

（1）打开素材页面。

（2）单击“绑定”面板中的“+”按钮，在弹出的下拉列表中选择“记录集（查询）”选项，弹出查询“记录集”对话框，设置相关的参数：名称为 Recordset1，连接为“diaocha”，表格为“liuyan”，列为“选定的”字段（ID、name、nr），按字段 ID 降序排列，如图 7-23 所示。

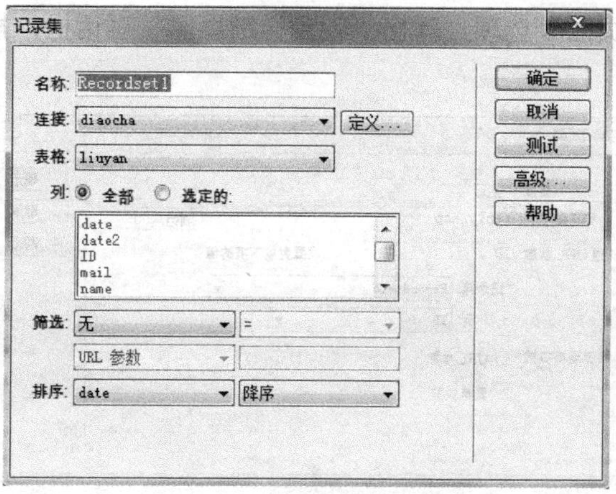

图 7-23 “记录集”对话框

（3）将光标定位到相应的位置，单击“常用”工具栏中的“表格”按钮，弹出“表格”对话框设置：行为 2，列为 1，宽度为 900 像素。

（4）在表格的第一行中输入文字“您的位置：上海企业网>>后台管理”。

（5）将光标定位到表格的右侧，单击“数据”工具栏中的“动态表格”按钮，弹出“动态表格”对话框，在“记录集”下拉列表中选择 Recordset1 选项。

（6）选中“10 记录”单选按钮，将其“边框”和“单元格间距”均设置为 0，“单元格边距”设置为 4，单击“确定”按钮，插入动态表格。

（7）将光标定位到动态表格的右侧，按 Enter 键换行，单击“数据”工具栏中的“记录集导航条”按钮，在弹出的“记录集导航条”对话框中设置记录集为 Recordset1，显示方式为文本。

（8）在动态表格中第 1 行对应的单元格中分别输入文字“编号”、“用户名”、“留言内容”。

（9）在动态表格的最后一列后添加一列，在其上的单元格中输入文字“相关操作”，在其下的单元格中输入文字“删除　回复”。

（10）选中文字“删除”，单击“服务器行为”面板中的“+”按钮，在弹出的下拉列表中选择“转到详细页面”选项，弹出“转到详细页面”对话框，按图 7-24 设置其中的参数。

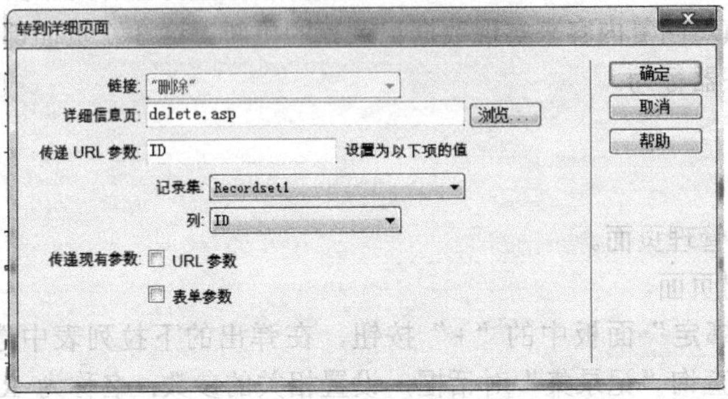

图 7-24　“删除”的转到详细页面

（11）选中文字“回复”，单击“服务器行为”面板中的“+”按钮，在弹出的下拉列表中选择“转到详细页面”选项，弹出“转到详细页面”对话框，按图 7-25 设置其中的参数。

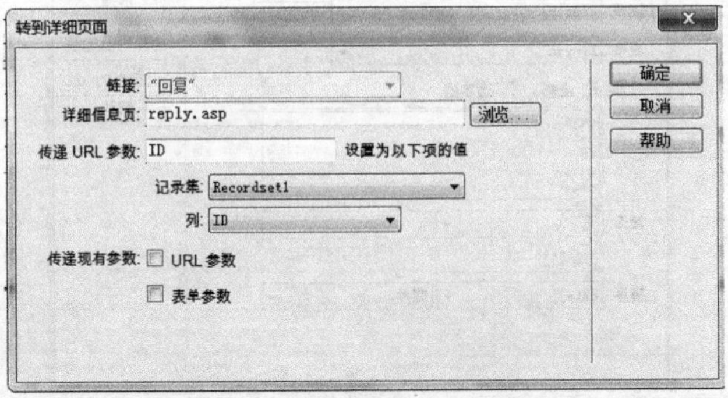

图 7-25　“回复”的转到详细页面

（12）单击“服务器行为”面板中的“+”按钮，在弹出的下拉列表中选择“用户身份验证”→“限制对页的访问”选项，弹出“限制对页的访问”对话框，按图 7-26 设置其中的参数。

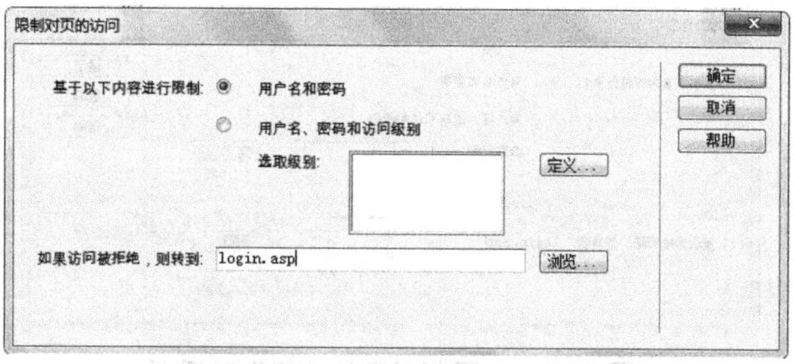

图 7-26　“限制对页的访问”对话框

步骤 2．删除页面。

（1）将 index.htm 页面另存为 delete.asp。

（2）将光标定位到相应的位置，选择“插入”→“表单”→“表单”命令，插入一个表单。

（3）将光标定位到表单内，选择“插入”→“表单”→“按钮”命令，插入按钮，在其“属性”面板中设置其“值”为“确定删除此留言”，“动作”设为“提交表单”。

（4）打开“绑定”面板，单击“+”按钮，在弹出的下拉列表中选择“记录集（查询）”选项，在弹出的“记录集”对话框中按图 7-27 设置参数。

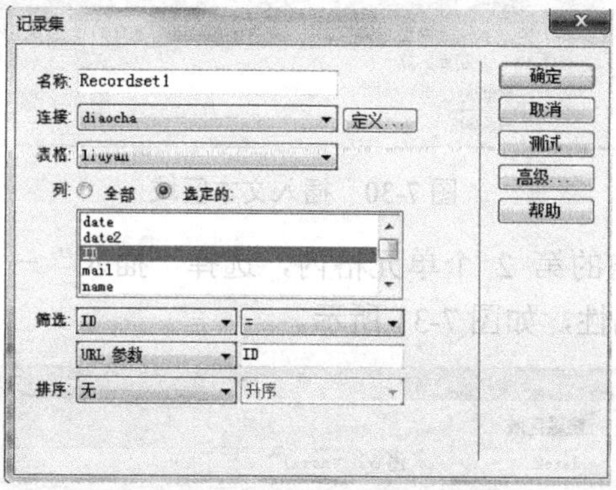

图 7-27　“记录集”对话框

（5）打开“服务器行为”面板，单击“+”按钮，在弹出的下拉列表中选择“删除记录”选项，在弹出的“删除记录”对话框中设置相关参数，如图 7-28 所示。

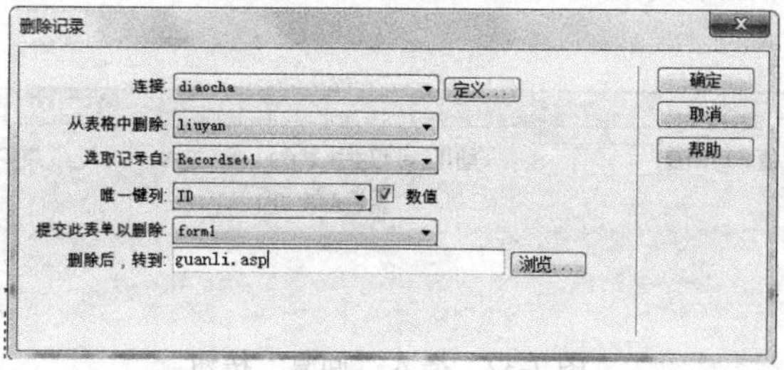

图 7-28　“删除记录”对话框

（6）打开“服务器行为”面板，单击“+”按钮，在弹出的下拉列表中选择“用户身份验证”→“限制对页的访问”，在弹出的“限制对页的访问”对话框中设置相关参数，如图 7-29 所示。

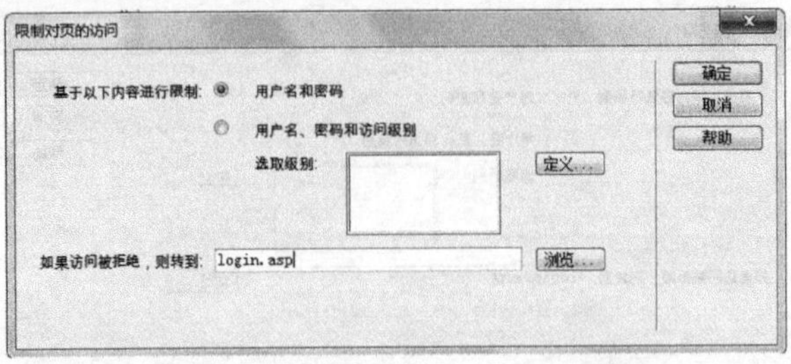

图 7-29　“限制对页的访问”对话框

步骤 3. 回复页面。

（1）将提供的素材页面 index.htm 另存为 reply.asp。

（2）光标定位到相应的位置，选择“插入”→“表单”→“表单”命令，插入一个表单。

（3）将光标定位到表单中，插入一个 2 行 1 列的表格，在“属性”面板中将“填充”和“间距”均设为 4，将“对齐”设为“居中对齐”。

（4）光标定位到表格的第 1 个单元格内，选择“插入”→“表单”→“文本区域”命令，并设置该文本区域的属性，如图 7-30 所示。

图 7-30　插入文本区域

（5）光标定位到表格的第 2 个单元格内，选择“插入”→“表单”→“隐藏域”命令，并设置该隐藏域的属性，如图 7-31 所示。

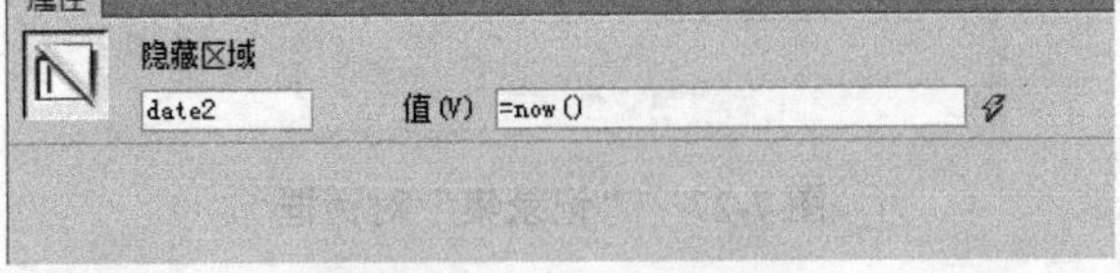

图 7-31　插入隐藏域

（6）光标定位到隐藏域的后面，选择“插入”→“表单”→“按钮”命令，其属性设置如图 7-32 所示。

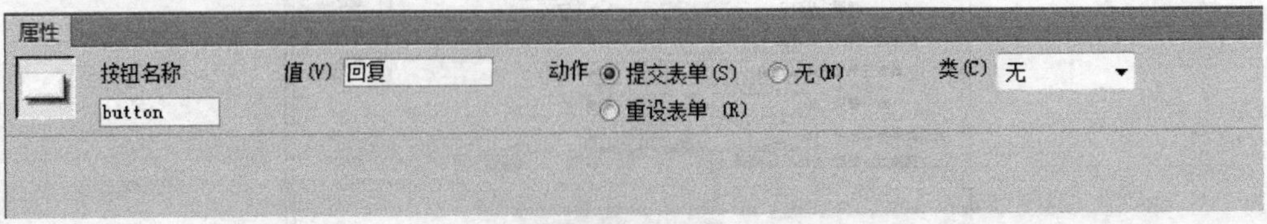

图 7-32　插入“回复”按钮

（7）再插入一个按钮，其属性设置如图 7-33 所示。

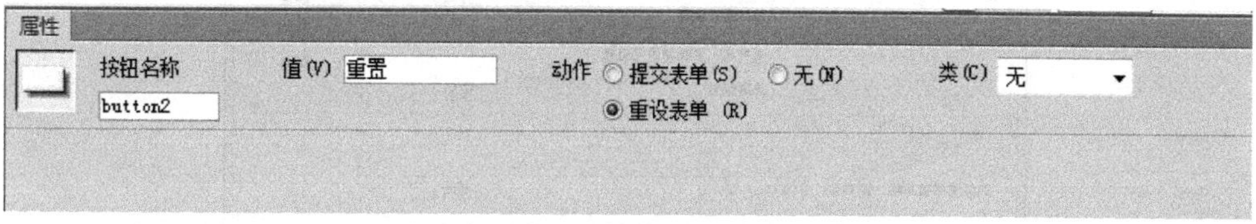

图 7-33　插入“重置”按钮

（8）在“绑定”面板中单击“+”按钮，在弹出的下拉列表中选择“记录集（查询）”选项，弹出“记录集”对话框，按图 7-34 设置各参数。列设置为选定的字段：ID、reply 和 date2。

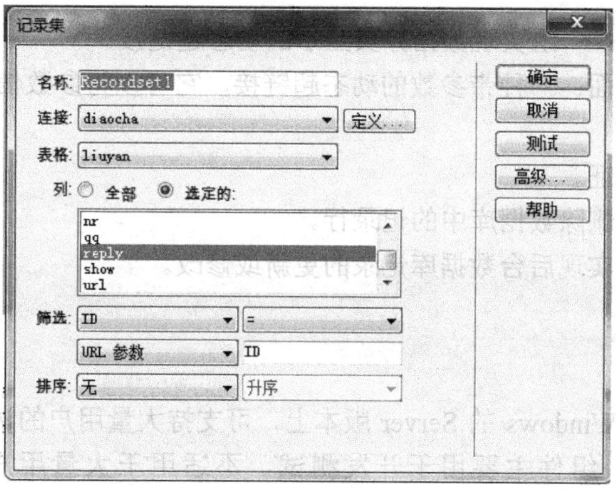

图 7-34　“记录集”对话框

（9）在“服务器行为”面板中单击“+”按钮，在弹出的下拉列表中选择“更新记录”选项，弹出“更新记录”对话框，按图 7-35 设置各项参数。

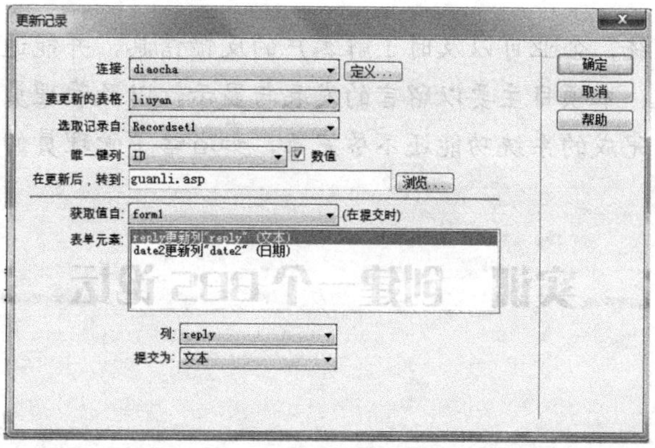

图 7-35　“更新记录”对话框

（10）在“服务器行为”面板中单击“+”按钮，在弹出的下拉列表中选择“用户身份验证”→“限制对页的访问”，在弹出的“限制对页的访问”对话框中设置相关参数，如图 7-36 所示。

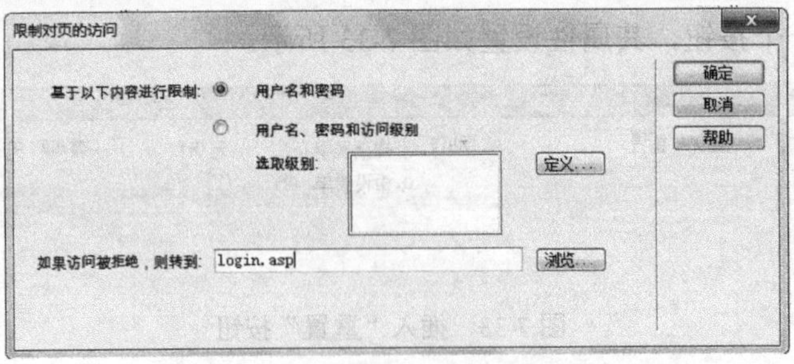

图 7-36 “限制对页的访问”对话框

知识链接

（1）记录集分页：一组实现数据分页显示的动态超链接。

（2）转到详细页面：一种带参数的动态超链接，它可以将参数信息从一个页面传递到另一个页面。

（3）用户身份验证。

（4）删除记录：删除数据库中的记录行。

（5）更新记录：实现后台数据库记录的更新或修改。

拓展与提高

IIS 通常运行在 Windows 的 Server 版本上，可支持大量用户的访问。在 Windows XP Professional 中，IIS 组件主要用于开发测试，不适用于大量用户的访问。此外，在 Windows XP 家庭版中未提供 IIS 组件。

总结与回顾

通过客户反馈系统，企业可以及时了解客户的反馈信息，并能通过后台的回复功能实现与客户的互动交流。本项目主要以留言的发表与显示，以及管理员的后台管理为主要内容展开学习。此时，完成的系统功能还不尽完善，如省略了管理员的登录功能、会员的注册功能等。

实训　创建一个 BBS 论坛

任务描述

根据客户反馈系统自行制作一个 BBS 论坛，主要功能：会员能查看和发表留言，管理员可对留言内容进行回复、修改和删除等操作。

任务分析

整个制作流程大致如下：站点文件夹的创建、数据库的设计、动态站点的创建、各个功能页面的制作。

习题 7

简答题

（1）如何创建重复区域服务器行为？其功能是什么？

（2）IIS 指的是什么？

（3）客户反馈系统主要由哪些功能页面组成？各个页面的功能是什么？

项目 8 网站测试和发布

Web 网站制作完成以后，并不能直接投入运行，必须进行全面、完整的测试，包括本地测试、网络测试等多个环节。测试完成以后，设计开发人员必须为 Web 网站系统准备或申请充足的空间资源，以便 Web 网站能够发布到该空间中运作。此外，为了保证 Web 网站的正常运行和有效工作，发布以后的维护和管理工作是十分必要且重要的。

项目目标

（1）了解网站测试的相关知识；
（2）了解域名及空间的申请流程；
（3）了解网站测试的方法；
（4）掌握域名空间的申请流程。

项目描述

本项目将通过 2 个任务来说明网站测试与发布的常规流程。

任务 1 测试网站

任务目标

（1）了解网站测试的相关知识；
（2）了解网站测试的方法。

任务描述

对本书案例制作的网站进行测试，包括功能测试、可用性测试、兼容性测试。

任务分析

按照网站测试的内容逐一进行测试，测试内容包括基本测试、性能测试、安全性测试、网站优化测试等。

操作步骤

步骤 1．基本测试。

（1）链接测试

① 选择“窗口”→“结果”→“链接检查器”命令，在 Dreamweaver CS6 中打开“链接检查器”面板，如图 8-1 所示。

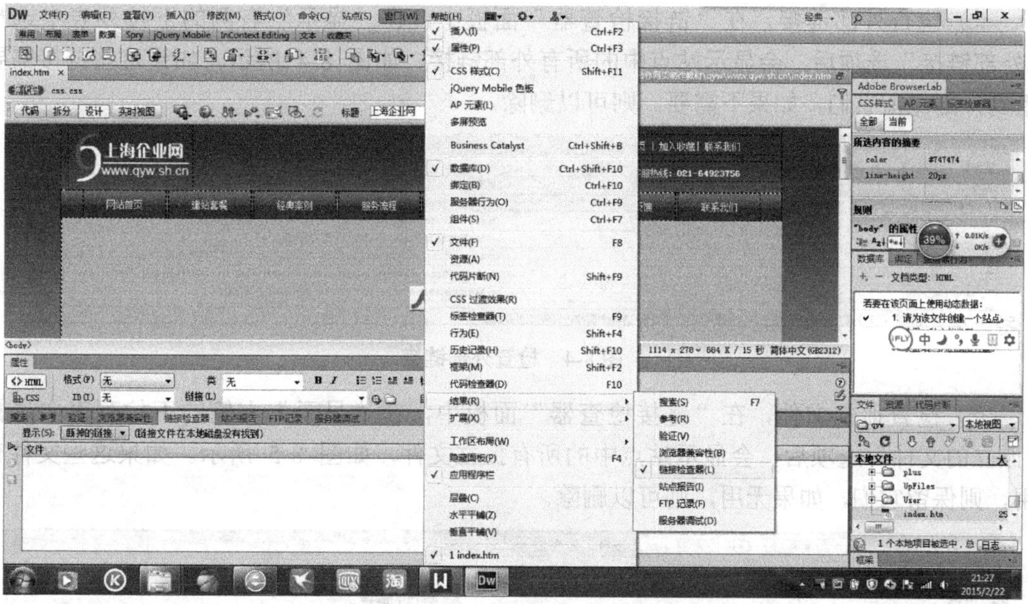

图 8-1　打开“链接检查器”面板

② 链接测试可分为 3 个步骤：首先，测试所有链接是否按指示的那样确实链接到了该链接的页面；其次，测试链接的页面是否存在；最后，保证网站上没有孤立的页面，即没有链接指向该页面，只有知道正确的 URL 地址才能访问。

③ 在“链接检查器”面板中单击 按钮，在弹出的下拉列表中选择“检查整个当前本地站点的链接”选项，如图 8-2 所示。

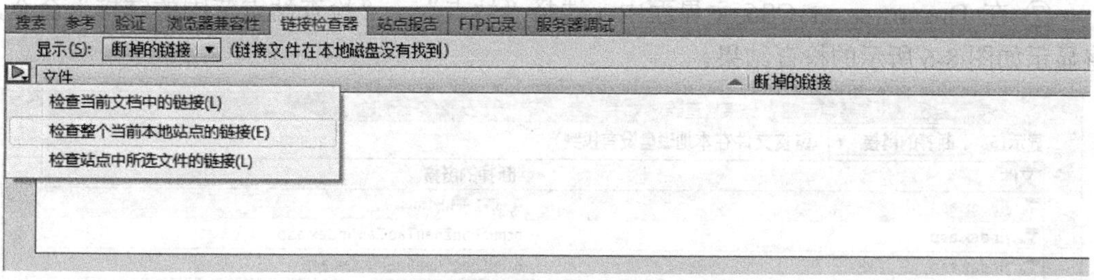

图 8-2　检查整个当前本地站点的链接

④ 检查断掉的链接，在“链接检查器”面板中，在“显示”右侧的下拉列表中选择“断掉的链接”选项后，会显示站点中断掉的链接文档，如图 8-3 所示。如果这些文档需要用到，则应将它们链接上，如果不需要，则可以删除。

图 8-3 检查断掉的链接

⑤ 检查外部链接，在“链接检查器”面板中，在“显示”右侧的下拉列表中选择“外部链接”选项后，会显示站点中的所有外部链接，如图 8-4 所示。如果这些链接需要用到，则保留它们，如果不需要，则可以删除。

图 8-4 检查外部链接

⑥ 检查孤立文件，在“链接检查器”面板中，在“显示”右侧的下拉列表中选择“孤立的文件”选项后，会显示站点中的所有孤立文件，如图 8-5 所示。如果这些文件有用，则保留它们，如果无用，则可以删除。

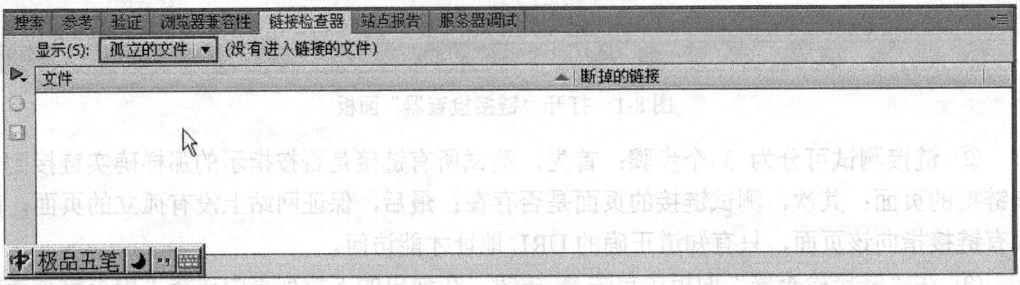

图 8-5 检查孤立文件

⑦ 在 Dreamweaver CS6 主界面中，选择“站点”→“检查站点范围的链接”命令，将显示如图 8-6 所示的检查结果。

图 8-6 检查结果

（2）浏览器兼容性测试

此功能用于测试网页对浏览器的兼容性。浏览器的测试，是指测试网页在不同浏览器和不同版本下的运行和显示状况。在实际工作中，用户会使用不同的浏览器登录互联网，框架和层次结构风格在不同的浏览器中有不同的显示，甚至不显示，不同的浏览器对安全性和 Java 的设置也不同。通过此项测试和修改，可以保证网页在大多数浏览器中正确显示。

① 在 Dreamweaver CS6 中选择“窗口”→“结果”→“浏览器兼容性”命令，单击“浏览器兼容性”中的“执行”按钮，选择“设置”选项，弹出“目标浏览器”对话框，可选择浏览器最低版本，如图 8-7 所示。

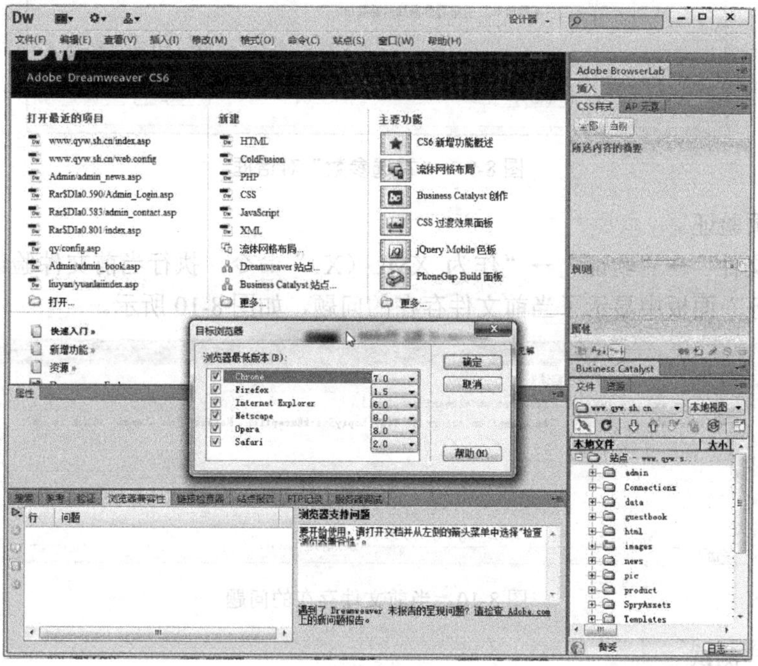

图 8-7　选择浏览器

② 在“浏览器兼容性”面板中单击▶按钮，在弹出的下拉列表中选择“检查浏览器的兼容性”选项，在“问题”列中显示页面与浏览器之间存在的兼容性问题，如图 8-8 所示。

图 8-8　兼容性问题

（3）验证程序

选择“编辑”→“首选参数”命令，弹出“首选参数”对话框。在“分类”列表框中选择“W3C 验证程序”选项，右侧显示了可选择的验证程序，选中“XHTML 1.0 Transitional”复选框，单击“确定”按钮，关闭“首选参数”对话框，如图 8-9 所示。

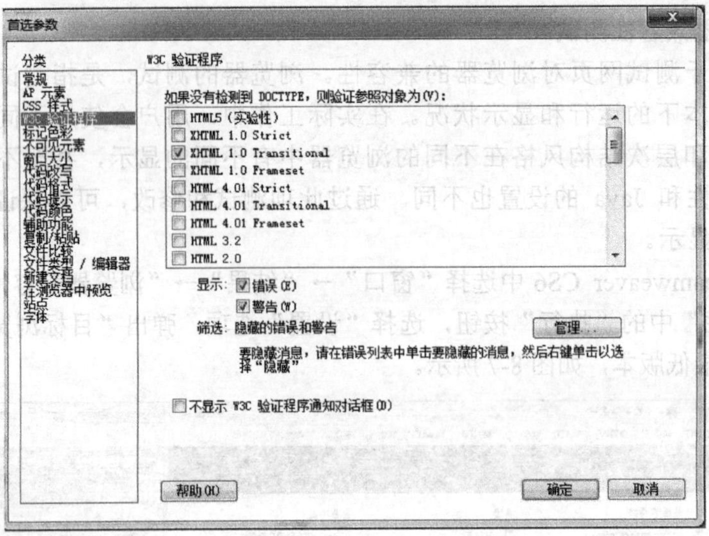

图 8-9 “首选参数”对话框

（4）网页验证

选择“文件”→“验证”→“作为 XML（X）”命令，执行当前文件验证。验证结束后，在“验证”面板中显示了当前文件存在的问题，如图 8-10 所示。

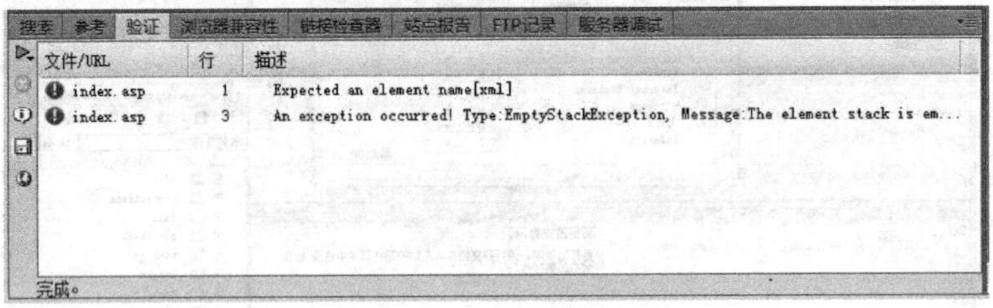

图 8-10 当前文件存在的问题

（5）用户测试

用户测试指以用户身份测试网站的功能。其主要测试内容有：评价每个页面的风格、页面布局、颜色搭配、文字的字体、大小等与网站的整体风格是否统一、协调；页面布局是否合理；各种链接的位置是否合适；页面切换是否简便；对于当前访问位置是否明确等。

（6）表单测试

当用户给 Web 应用系统管理员提交信息时，需要使用表单操作，如用户注册、登录、信息提交等。在这种情况下，必须测试提交操作的完整性，以校验提交给服务器信息的正确性。例如，用户填写的出生日期与职业是否恰当，填写的所属省份与所在城市是否匹配等。如果使用了默认值，则要检验默认值的正确性。如果表单只能接收指定的某些值，则也要进行测试。例如，只能接收某些字符，测试时可以跳过这些字符，查看系统是否报错。

要测试这些程序，需要验证服务器正确保存这些数据，且后台运行的程序能正确解释和使用这些信息。

步骤 2． 性能测试。

（1）负载测试

负载测试是为了测量 Web 系统在某一负载级别上的性能，以保证 Web 系统在需求范围内正常工作。负载级别可以是某个时刻同时访问 Web 系统的用户数量，也可以是在线数据处理的数量。例如，Web 应用系统允许多少个用户同时在线？如果超过了这个数量，会出现什么现象？Web 应用系统能否处理大量用户对同一个页面的请求？

负载测试应该安排在 Web 系统发布以后，在实际的网络环境中进行测试。因为一个企业的内部员工，特别是项目组人员总是有限的，而一个 Web 系统能同时处理的请求数量将远远超出这个限度，所以只有放在 Internet 上，接受负载测试，其结果才是正确可信的。

（2）压力测试

压力测试是指实际破坏一个 Web 应用系统，测试系统的反映。压力测试用于测试系统的限制和故障恢复能力，即测试 Web 应用系统会不会崩溃，在什么情况下崩溃。黑客常常提供错误的数据负载，直到 Web 应用系统崩溃，当系统重新启动时获得存取权。压力测试的区域包括表单、登陆和其他信息传输页面等。

（3）连接速度测试

用户连接到 Web 应用系统的速度根据上网方式的变化而变化。当下载一个程序时，用户可以等较长的时间，但仅仅访问一个页面不会这样。如果 Web 系统响应时间太长（如超过 5 s），用户会因没有耐心等待而离开。

另外，有些页面有超时的限制，如果响应速度太慢，用户可能还没来得及浏览内容，就需要重新登录。如果连接速度太慢，还可能引起数据丢失，使用户得不到真实的页面。

步骤 3． 安全性测试。

它需要对网站的安全性（服务器安全、脚本安全）进行测试，如漏洞测试、攻击性测试、错误性测试。要对电子商务的客户服务器应用程序、数据、服务器、网络、防火墙等进行测试。

网站的安全性测试如下。

① 现在的网站基本采用先注册后登录的方式。因此，必须测试有效和无效的用户名和密码，要注意是否区分字母大小写，可以试多少次，是否可以不登录而直接浏览某个页面等。

② 网站是否有超时的限制，即用户登录后一定时间内没有单击任何页面，是否需要重新登录才能正常使用。

③ 为了保证网站的安全性，日志文件是至关重要的。需要测试相关信息是否写进了日志文件、是否可追踪。

④ 当使用了加密算法时，还要测试密码是否正确，检查信息的完整性。

⑤ 服务器端的脚本常常构成安全漏洞，这些漏洞又常常被黑客利用。所以应该测试没有经过授权不能在服务器端放置和编辑脚本的问题。

知识链接

1. 网站测试

网站测试指当一个网站制作完成上传到服务器之后针对网站的各项性能情况进行的一项检测工作。它与软件测试有一定的区别，其除了要求外观的一致性外，还要求测试其在各个浏览器中的兼容性，以及在不同环境下的显示差异。

2. 网站测试的内容

试一试

将素材中“素材\项目 2\试一试\”中的文件夹“www.qyw.sh.cn”复制到本机的硬盘中，使用 Dreamweaver CS6 对其进行发布前测试，检查网站中存在的问题并修改。

任务 2　网站域名申请

任务目标

（1）了解域名相关概念及申请流程；

（2）掌握域名空间的申请流程。

任务描述

为本网站注册域名和申请网站空间。

任务分析

在申请域名之前，可以到互联网上搜索申请域名需要哪些资料，了解申请域名要到什么组织部门或公司，了解申请域名的流程，做好申请前的准备工作。

操作步骤

步骤 1. 域名注册的步骤。

（1）准备申请资料：.com 域名无需提供身份证、营业执照等资料；2012 年 6 月 3 日起，.cn 域名已开放个人申请注册，所以申请只需要提供身份证或企业营业执照即可。

（2）寻找域名注册商：在信誉、质量、服务、稳定性都很好的网站上注册一个用户名。由于.com、.cn 域名等不同后缀属于不同注册管理机构，如要注册不同后缀域名则需要从注册管理机构寻找经过其授权的顶级域名注册服务机构。例如，.com 域名的管理机构为 ICANN，.cn 域名的管理机构为 CNNIC（中国互联网络信息中心）。域名注册查询商已经通过 ICANN、CNNIC 双重认证，则无需分别到注册服务机构申请域名。

（3）查询注册域名。在注册商网站查询域名，选择要注册的域名，并输入域名注册查询。

（4）填写注册申请表。查到想要注册的域名，并且确认域名为可申请状态后，提交注册并缴纳年费。

（5）等待审核书面申请。

（6）书面申请材料的审核。

（7）交纳注册费用。

（8）注册成功。

步骤 2．申请空间。

可以通过“百度”网站搜索提供免费首页空间的网站，在“百度”搜索引擎的“百度搜索”文本框中输入“申请免费的首页空间”，单击“百度搜索”按钮，将会搜索出所有包含“申请免费的首页空间”字样的信息。完成申请空间的操作即可，要记住服务器提供的用户名和登录密码。

步骤 3．非经营性网站备案登记。

2005 年 2 月 8 日，原信息产业部发布了《非经营性互联网信息服务备案管理办法》，并于 3 月 20 日正式实施。该办法要求从事非经营性互联网信息服务的网站进行备案登记，否则将予以关站、罚款等处理。

步骤 4．经营性网站备案登记。

经营性网站是指网站所有者为实现通过互联网发布信息、广告、设立电子信箱、开展商务活动或向他人提供实施上述行为所需互联网空间等活动的目的，利用互联网技术建立的并拥有向域名管理机构申请的独立域名的电子平台。

国家对经营性网站实行 ICP 许可证制度。ICP 许可证是网站经营的许可证，根据国家《互联网管理办法规定》，经营性网站必须办理 ICP 许可证，否则属于非法经营。

《备案登记证书》及电子标识由工商行政管理局统一制作。《备案登记证书》的有效期为 3 年，网站所有者应于期满之日前向备案机关申请换领新的《备案登记证书》。

经营性网站备案流程如下。

（1）申请者向通信管理部门申领 ICP 许可证。

（2）申请者取得 ICP 许可证后，向工商行政管理机关申请增加“互联网信息服务”或“因特网信息服务”的经营范围。

知识链接

1．域名

域名（Domain Name）是由一串用点分隔的名称组成的 Internet 上某台计算机或计算机组的名称，用于在数据传输时标识计算机的电子方位（有时也指地理位置，地理上的域名，指代有行政自主权的一个地方区域）。域名是一个 IP 地址的“面具”。一个域名的是便于记忆和沟通的一组服务器的地址（网站、电子邮件、FTP 等）。

2．域名解析。

域名是为了方便记忆而专门建立的一套地址转换系统，要访问一台互联网上的服务器，必须通过 IP 地址来实现，域名解析就是将域名重新转换为 IP 地址的过程。一个域名只能对应一个 IP 地址，而多个域名可以同时被解析到一个 IP 地址。域名解析需要由专门的域名解析服务器来完成。例如，一个域名的作用是实现 HTTP 服务，如果想看到这个网站，则要进行解析，首先在域名注册商通过专门的 DNS 服务器解析到一个 Web 服务器的固定 IP 地址，如 211.214.1.***。通过 Web 服务器来接收这个域名，把这个域名映射到这台服务器上，输入这个域名可以访问网站内容，即实现了域名解析的全过程。人们习惯记忆域名，但机器间只认 IP 地址，域名与 IP 地址之间是一一对应的，它们之间的转换称为域名解析，域名解析需要由专门的域名解析服务器来完成，整个过程是自动进行的。

试一试

通过百度搜索提供域名解释服务和免费网络空间服务的服务商，询问申请注册域名需要哪些资料。准备好相关资料，申请网站域名和网站发布需要的空间，将自己创建的网站发布到互联网上。

总结与回顾

一个网站开发完成后必须经过认真的测试才能发布，以免浏览网站时出现一些错误。一个网站要发布到服务器上，才能被其他人浏览。本项目主要介绍了测试网站、申请网站域名和网页空间、网站的发布。

实训　注册域名并发布网站

任务描述

假如你是某公司的网络技术管理人员，公司准备将制作好的网站发布到互联网上，以宣传公司，树立公司形象。公司让你来完成公司网站的发布工作。公司有一个固定的静态 IP 地址和一台用于发布网站的服务器。

任务分析

要完成公司网站的发布，由于公司有固定接入互联网的 IP 地址和服务器，可以充分利用这些资源，因此不需要租用空间，只需要注册域名，用获得的域名来解析已拥有的 IP 地址，在本公司服务器上发布网站即可。

习题 8

1. 选择题

(1) 网站的测试只包括链接测试和浏览器兼容性测试（　　）。

A. 对　　B. 错

(2) 向域名服务公司申请域名和空间后，它们将提供（　　）。

A. 域名　　B. 服务空间　　C. 用户名　　D. 用户口令

(3) 以下属于域名解析系统的是（　　）。

A. DHCP　　B. DNS　　C. FTP　　D. SNMP

（4）中国互联网络信息中心是指（　　）。

A．CNNIC　　B．CSTNET　　C．CHINANET　　D．CERNET

（5）个人注册域名必需的资料是（　　）。

A．银行卡　　B．身份证　　C．户口本　　D．营业执照

2．填空题

（1）页面测试包括________、________和________。

（2）________在网页中没用，应该把它及时清除，以免占用空间。

（3）站点在上传到互联网之前必须先进行________和________。

（4）上传网站可以使用________，也可使用________软件。

（5）FTP 的中文含义是________。

3．简答题

（1）网站测试一般包括哪些测试？

（2）注册域名一般需要几个步骤？

附录 A VBScript 语法介绍

1. VBScript 函数

VBScript 函数如表 A-1 所示。

表 A-1 VBScript 函数

对　　象	说　　明
Abs 函数	当相关类的一个实例结束时发生
Array 函数	返回一个 Variant 值，其中包含一个数组
Asc 函数	返回与字符串中首字母相关的 ANSI 字符编码
Atn 函数	返回一个数的反正切值
CBool 函数	返回一个表达式，该表达式已被转换为 Boolean 子类型的 Variant
CByte 函数	返回一个表达式，该表达式已被转换为 Byte 子类型的 Variant
CCur 函数	返回一个表达式，该表达式已被转换为 Currency 子类型的 Variant
CDate 函数	返回一个表达式，该表达式已被转换为 Date 子类型的 Variant
CDbl 函数	返回一个表达式，该表达式已被转换为 Double 子类型的 Variant
Chr 函数	返回与指定的 ANSI 字符编码相关的字符
CInt 函数	返回一个表达式，该表达式已被转换为 Integer 子类型的 Variant
CLng 函数	返回一个表达式，该表达式已被转换为 Long 子类型的 Variant
Cos 函数	返回一个角度的余弦值
CreateObject 函数	创建并返回对 Automation 对象的引用
CSng 函数	返回一个表达式，该表达式已被转换为 Single 子类型的 Variant
CStr 函数	返回一个表达式，该表达式已被转换为 String 子类型的 Variant
Date 函数	返回当前的系统日期
DateAdd 函数	返回已加上所指定时间后的日期值
DateDiff 函数	返回两个日期之间相差的天数
DatePart 函数	返回一个给定日期的指定部分
DateSerial 函数	返回指定的年月日的 Date 子类型的 Variant
DateValue 函数	返回一个 Date 子类型的 Variant
Day 函数	返回一个 1～31 的整数，包括 1 和 31，代表一个月中的日期值
Eval 函数	计算一个表达式的值并返回结果
Exp 函数	返回 e（自然对数的底）的乘方
Filter 函数	返回一个从零开始编号的数组，包含一个字符串数组中符合指定过滤标准的子集

续表

对　　象	说　　明
Fix 函数	返回一个数的整数部分
FormatCurrency 函数	返回一个具有货币值格式的表达式，使用系统控制面板中定义的货币符号
FormatDateTime 函数	返回一个具有日期或时间格式的表达式
FormatNumber 函数	返回一个具有数字格式的表达式
FormatPercent 函数	返回一个被格式化为尾随一个%的百分比表达式
GetLocale 函数	返回当前的区域 ID 值
GetObject 函数	从文件中返回 Automation 对象的引用
GetRef 函数	返回一个过程的引用，该引用可以绑定到一个事件
Hex 函数	返回一个字符串，代表一个数的十六进制值
Hour 函数	返回一个 0～23 的整数，包括 0 和 23，代表一天中的小时值
InputBox 函数	在一个对话框中显示提示信息，等待用户输入文本或单击按钮，并返回文本框中的内容
InStr 函数	返回一个字符串在另一个字符串中首次出现的位置
InStrRev 函数	返回一个字符串在另一个字符串中出现的位置，从字符串尾开始计算
Int 函数	返回一个数的整数部分
IsArray 函数	返回一个布尔值，指明一个变量是否为数组
IsDate 函数	返回一个布尔值，指明表达式是否可转换为一个日期
IsEmpty 函数	返回一个布尔值，指明变量是否已进行了初始化
IsNull 函数	返回一个布尔值，指明一个表达式是否包含非有效数据(Null)
IsNumeric 函数	返回一个布尔值，指明一个表达式是否可计算数值
IsObject 函数	返回一个布尔值，指明一个表达式是否引用一个有效的 Automation 对象
Join 函数	返回一个字符串，该字符串由一个数组中包含的子字符串连接而成
LBound 函数	返回数组的指定维上最小可用的下标
LCase 函数	返回一个已转换为小写字母的字符串
Left 函数	返回字符串左端的指定数量的字符
Len 函数	返回一个字符串中的字符数或存储一个变量所需的字节数
LoadPicture 函数	返回一个图片对象，仅在 32 位平台上可用
Log 函数	返回一个数的自然对数值
LTrim 函数	返回一个已删除串首空格的复制字符串
Mid 函数	返回在一个字符串中指定数量的字符
Minute 函数	返回 0～59 的一个整数，包括 0 和 59，代表一个小时中的分钟值
Month 函数	返回 0～12 的一个整数，包括 0 和 12，代表一年中的月份值
MonthName 函数	返回一个字符串，指明所指定的月份
MsgBox 函数	在对话框中显示一条消息，等待用户单击某个按钮并返回一个值，该值指明用户单击的是哪个按钮
Now 函数	返回与计算机的系统日期和时间相对应的当前日期和时间
Oct 函数	返回一个字符串，代表一个数的八进制值

续表

对　象	说　明
Replace 函数	返回一个字符串，其中指定的子字符串已被另一个子字符串替换了指定的次数
RGB 函数	返回一个代表 RGB 颜色值的整数
Right 函数	返回字符串中从右端开始计算的指定数量的字符
Rnd 函数	返回一个随机数
Round 函数	返回一个数，该数已被舍入小数点后指定位数
RTrim 函数	返回一个复制的字符串，其中已删除结尾的空格
ScriptEngine 函数	返回一个代表正在使用的脚本语言的字符串
ScriptEngineBuildVersion 函数	返回正在使用的脚本引擎的版本号
ScriptEngineMajorVersion 函数	返回正在使用的脚本引擎的主版本号
ScriptEngineMinorVersion 函数	返回正在使用的脚本引擎的次要版本号
Second 函数	返回 0～59 的一个整数，包括 0 和 59，代表一分钟内的多少秒
Sgn 函数	返回一个整数，指明一个数的正负
Sin 函数	返回一个角度的正弦值
Space 函数	返回一个由指定数量的空格组成的字符串
Split 函数	返回一个从零开始编号的一维数组，其中包含指定数量的字符串
Sqr 函数	返回一个数的平方根
StrComp 函数	返回一个值，指明字符串比较的结果
String 函数	返回一个指定长度的重复字符串
StrReverse 函数	返回一个字符串，其中指定字符串中的字符顺序颠倒过来
Tan 函数	返回一个角度的正切值
Time 函数	返回一个子类型为 Date 的 Variant，指明当前的系统时间
Timer 函数	返回 12:00 AM（午夜）后已经超过的秒数
TimeSerial 函数	返回一个子类型为 Date 的 Variant，包含特定时分秒的时间
TimeValue 函数	返回一个子类型为 Date 的 Variant，包含时间
Trim 函数	返回一个复制的字符串，其中已删除串首和串尾的空格
TypeName 函数	返回一个字符串，其中提供了一个变量的 Variant 子类型的信息
UBound 函数	返回一个数字的指定维上可用的最大下标
UCase 函数	返回一个已转换为大写字母的字符串
VarType 函数	返回一个值，指明一个变量的子类型
Weekday 函数	返回一个整数，代表一周中的第几天
WeekdayName 函数	返回一个字符串，指明指定的是星期几
Year 函数	返回一个代表年份的整数

2．VBScript 对象

VBScript 的对象如表 A-2 所示。

表 A-2 VBScript 对象

对　　象	说　　明
Class 对象	提供对已创建类的事件的访问途径
Dictionary 对象	用于保存数据主键，值对的对象
Err 对象	包含与运行时错误相关的信息
FileSystemObject 对象	提供对计算机文件系统的访问途径
Match 对象	提供匹配一个正则表达式的只读属性的访问途径
Matches 集合	正则表达式 Match 对象的集合
RegExp 对象	提供对简单正则表达式的支持
SubMatches 集合	提供对正则表达式子匹配字符串的只读值的访问

3．VBScript 属性

VBScript 的属性如表 A-3 所示。

表 A-3 VBScript 属性

属　　性	说　　明
Description 属性	返回或设置与一个错误相关联的描述性字符串
FirstIndex 属性	返回搜索字符串中找到匹配项的位置
Global 属性	设置或返回一个布尔值
HelpContext 属性	设置或返回帮助文件中某个主题的上下文 ID
HelpFile 属性	设置或返回一个帮助文件的完整可靠的路径
IgnoreCase 属性	设置或返回一个布尔值，指明模式搜索是否区分字母大小写
Length 属性	返回搜索字符串中所找到的匹配的长度
Number 属性	返回或设置指明一个错误的数值
Pattern 属性	设置或返回要被搜索的正则表达式模式
Source 属性	返回或设置最初产生该错误的对象或应用程序的名称
Value 属性	返回在一个搜索字符串中找到的匹配项的值或文本

4．VBScript 语句

VBScript 的语句如表 A-4 所示。

表 A-4 VBScript 语句

语　　句	说　　明
Call 语句	将控制权交给一个 Sub 或 Function 过程
Class 语句	声明一个类的名称
Const 语句	声明用于替换文字值的常数
Dim 语句	声明变量并分配存储空间
Do...Loop 语句	当某个条件为 True 时或在某个条件变为 True 之前重复执行一个语句块

续表

语　句	说　明
Erase 语句	重新初始化固定大小的数组的元素和释放动态数组的存储空间
Execute 语句	执行一条或多条指定语句
ExecuteGlobal 语句	在一个脚本的全局命名空间中执行一条或多条语句
Exit 语句	退出 Do...Loop、For...Next、Function 或 Sub 代码块
For...Next 语句	重复执行一组语句达到指定次数
For Each...Next 语句	针对一个数组或集合中的每个元素重复执行一组语句
Function 语句	声明一个 Function 过程的名称、参数和代码
If...Then...Else 语句	根据一个表达式的值而有条件地执行一组语句
On Error 语句	激活错误处理
Option Explicit 语句	强制显式声明一个脚本中的所用变量
Private 语句	声明私有变量并分配存储空间
Property Get 语句	声明一个 Property 过程的名称、参数和代码，该过程取得（返回）一个属性的值
Property Let 语句	声明一个 Property 过程的名称、参数和代码，该过程指定一个属性的值
Property Set 语句	声明一个 Property 过程的名称、参数和代码，该过程设置对一个对象的引用
Public 语句	声明公共变量并分配存储空间
Randomize 语句	初始化随机数生成器
ReDim 语句	声明动态数组变量并在过程级别上分配或重新分配存储空间
Rem 语句	包括程序中的解释性说明
Select Case 语句	根据一个表达式的值，相应地执行一组或多组语句
Set 语句	将一个对象引用赋给一个变量或属性
Sub 语句	声明一个 Sub 过程的名称、参数和代码
While...Wend 语句	给定条件为 True 时执行一系列语句
With 语句	对单个对象执行一系列语句

5. VBScript 方法

VBScript 的方法如表 A-5 所示。

表 A-5　VBScript 方法

方　法	说　明
Clear 方法	清除 Err 对象的所有的属性设置
Execute 方法	对一个指定的字符串进行正则表达式搜索
Raise 方法	产生一个运行时的错误
Replace 方法	替换正则表达式搜索中找到的文本
Test 方法	对一个指定的字符串进行正则表达式搜索

6．VBScript 语法错误

VBScript 的语法错误如表 A-6 所示。

表 A-6　VBScript 语法错误

错误编号	说　明
1052	在类中不能有多个默认的属性/方法
1044	调用 Sub 时不能使用圆括号
1053	类初始化或终止不能带参数
1058	只能在 Property Get 中指定'Default'
1057	说明 'Default'时必须同时说明'Public'
1005	需要 '('
1006	需要 ')'
1011	需要 '='
1021	需要 'Case'
1047	需要 'Class'
1025	需要语句的结束
1014	需要 'End'
1023	需要表达式
1015	需要 'Function'
1010	需要标识符
1012	需要'If'
1046	需要'In'
1026	需要整数常数
1049	在属性声明中需要 Let、Set 或 Get
1045	需要文字常数
1019	需要'Loop'
1020	需要'Next'
1050	需要'Property'
1022	需要'Select'
1024	需要语句
1016	需要'Sub'
1017	需要'Then'
1013	需要'To'
1018	需要'Wend'
1027	需要'While'或 'Until'
1028	需要'While,'、'Until,' 或语句未结束
1029	需要'With'
1030	标识符太长
1014	无效字符

续表

错误编号	说 明
1039	无效'exit'语句
1040	无效'for'循环控制变量
1013	无效数字
1037	无效使用关键字'Me'
1038	'loop'没有'do'
1048	必须在一个类的内部定义
1042	必须为行的第一个语句
1041	名称重定义
1051	参数数目必须与属性说明一致
1001	内存不足
1054	Property Let 或 Set 至少应该有一个参数
1002	语法错误
1055	不需要的'Next'
1015	未终止字符串常数

附录 B ASP 常用内置对象

1. Response 对象

ASP Response 对象用于从服务器向用户发送输出的结果。它的集合、属性和方法如表 B-1 所示。

表 B-1 Response 对象的集合、属性和方法

集　合	描　述
Cookies	设置 Cookie 的值。假如不存在 Cookie，则创建 Cookie，再设置指定的值
属　性	**描　述**
Buffer	规定是否缓存页面的输出
CacheControl	设置代理服务器是否可以缓存由 ASP 产生的输出
Charset	将字符集的名称追加到 Response 对象中的 content-type 报头
ContentType	设置 Response 对象的 HTTP 内容的类型
Expires	设置页面在失效前的浏览器缓存时间（分钟）
ExpiresAbsolute	设置浏览器上页面缓存失效的日期和时间
IsClientConnected	指示客户端是否已从服务器断开
Pics	向 Response 报头的 PICS 标志追加值
Status	规定由服务器返回的状态行的值
方　法	**描　述**
AddHeader	向 HTTP 响应添加新的 HTTP 报头和值
AppendToLog	向服务器记录项目的末端添加字符串
BinaryWrite	在没有任何字符转换的情况下直接向输出写入数据
Clear	清除已缓存的 HTML 输出
End	停止处理脚本，并返回当前的结果
Flush	立即发送已缓存的 HTML 输出
Redirect	把用户重定向到另一个 URL
Write	向输出写入指定的字符串

2. Request 对象

当浏览器向服务器请求页面时，这个行为被称为一个 Request（请求）。

ASP Request 对象用于从用户那里获取信息。它的集合、属性和方法如表 B-2 所示。

表 B-2 Request 对象的集合、属性和方法

集　合	描　述
ClientCertificate	包含了存储于客户证书中的域值
Cookies	包含了 HTTP 请求中发送的所有 Cookie 值
Form	包含了使用 Post 方法由表单发送的所有表单（输入）的值
QueryString	包含了 HTTP 查询字符串中的所有变量值
ServerVariables	包含了所有服务器的变量值
属　性	**描　述**
TotalBytes	返回在请求正文中客户端发送的字节总数
方　法	**描　述**
BinaryRead	取回作为 Post 请求的一部分而从客户端送往服务器的数据，并把它存储到一个安全的数组之中

3. Application 对象

Web 上的一个应用程序可以是一组 ASP 文件。这些 ASP 可协同来完成一项任务。而 ASP 中的 Application 对象的作用是把这些文件捆绑在一起。

Application 对象用于存储和访问来自任意页面的变量，类似 Session 对象。不同之处在于所有用户分享一个 Application 对象，而 Session 对象和用户的关系是一一对应的。

Application 对象掌握的信息会被应用程序中的很多页面使用（如数据库连接信息）。这就意味用户可以从任意页面访问这些信息，即可以在一个页面上改变这些信息，这些改变会自动地反映到所有页面中。

Application 对象的集合、方法和事件如表 B-3 所示。

表 B-3 Application 对象的集合、方法和事件

集　合	描　述
Contents	包含所有通过脚本命令追加到应用程序中的项目
StaticObjects	包含所有使用 HTML 的 <object> 标签追加到应用程序中的对象
方　法	**描　述**
Contents.Remove	从 Contents 集合中删除一个项目
Contents.RemoveAll()	从 Contents 集合中删除所有项目
Lock	防止其余的用户修改 Application 对象中的变量
Unlock	使其他用户可以修改 Application 对象中的变量（被 Lock 方法锁定之后）
事　件	**描　述**
Application_OnEnd	当所有用户的 Session 都结束，并且应用程序结束时，此事件发生
Application_OnStart	在首个新的 Session 被创建之前（此时 Application 对象被首次引用），此事件会发生

4．Session 对象

当正在操作一个应用程序时，要启动它，再做一些改变，随后关闭它。这个过程很像一次对话。

ASP 通过为每个用户创建一个唯一的 Cookie 而解决此问题。Cookie 发送到服务器，它包含了可识别用户的信息。这个接口被称为 Session 对象。

Session 对象用于存储关于某个用户会话的信息，或者修改相关的设置。存储在 Session 对象中的变量掌握着单一用户的信息，这些信息对于页面中的所有页面都是可用的。存储于 Session 变量中的信息通常是 name、ID 及参数等。服务器会为每位新用户创建一个新的 Session 对象，并在 Session 到期后撤销此对象。

Session 对象的集合、属性、方法和事件如表 B-4 所示。

表 B-4　Session 对象的集合、属性、方法和事件

集　合	描　述
Contents	包含所有通过脚本命令追加到 Session 的条目
StaticObjects	包含了所有使用 HTML 的<object>标签追加到 Session 的对象
属　性	**描　述**
CodePage	规定显示动态内容时使用的字符集
LCID	设置或返回指定位置或者地区的一个整数。如日期、时间及货币的内容会根据位置或者地区来显示
SessionID	为每个用户返回一个唯一的 ID。此 ID 由服务器生成
Timeout	设置或返回应用程序中的 Session 对象的超出时间（分钟）
方　法	**描　述**
Abandon	撤销一个用户的 Session
Contents.Remove	从 Contents 集合中删除一个项目
Contents.RemoveAll()	从 Contents 集合中删除全部项目
事　件	**描　述**
Session_OnEnd	当一个会话结束时，此事件发生
Session_OnStart	当一个会话开始时，此事件发生

5. Server 对象

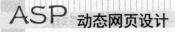

ASP Server 对象的作用是访问有关服务器的属性和方法。其属性和方法描述如下如表 B-5 所示。

表 B-5 Server 对象的属性和方法

属　性	描　述
ScriptTimeout	设置或返回在一段脚本终止前其能运行时间（秒）的最大值
方　法	描　述
CreateObject	创建对象的实例
Execute	从另一个 ASP 文件中执行一个 ASP 文件
GetLastError()	返回可描述已发生错误状态的 ASP Error 对象
HTMLEncode	将 HTML 编码应用到某个指定的字符串
MapPath	将一个指定的地址映射到一个物理地址
Transfer	把一个 ASP 文件中创建的所有信息传输到另一个 ASP 文件
URLEncode	把 URL 编码规则应用到指定的字符串

附录C
ADO对象、集合方法、事件及属性

1. ADO对象

ADO对象如表C-1所示。

表C-1 ADO对象

对　象	说　明
Command	定义了将对数据源执行的指定命令
Connection	代表打开的、与数据源的连接
DataControl (RDS)	将数据查询RecordSet绑定到一个或多个控件上（如文本框、网格控件或组合框），以便在Web页面上显示ADOR.RecordSet数据
DataFactory (RDS Server)	实现对客户端应用程序的指定数据源进行读/写数据访问的方法
DataSpace (RDS)	创建客户端代理以便自定义位于中间层的业务对象
Error	包含与单个操作（涉及提供者）有关的数据访问错误的详细信息
Field	代表使用普通数据类型的数据的列
Parameter	代表与基于参数化查询或存储过程的Command对象相关联的参数或自变量
Property	代表由提供者定义的ADO对象的动态特性
RecordSet	代表来自基本表或命令执行结果的记录的集合。任何时候，RecordSet对象所指的当前记录均为集合内的单个记录

2. ADO集合

ADO集合如表C-2所示。

表C-2 ADO集合

集　合	说　明
Errors	包含为响应涉及提供者的单个错误而创建的所有Error对象
Fields	包含RecordSet对象的所有Field对象
Parameters	包含Command对象的所有Parameter对象
Properties	包含指定对象实例的所有Property对象

3．ADO 方法

ADO 方法如表 C-3 所示。

表 C-3 ADO 方法

方　法	说　明
AddNew	创建可更新的 RecordSet 对象的新记录
Append	将对象追加到集合中，如果集合是 Fields，则可以先创建新的 Field 对象，再将其追加到集合中
AppendChunk	将数据追加到大型文本、二进制数据 Field 或 Parameter 对象中
BeginTrans、Commit Trans 和 RollbackTrans	按如下方式管理 Connection 对象中的事务进程： BeginTrans——开始新事务； CommitTrans——保存任何更改并结束当前事务，也可能启动新事务； RollbackTrans——取消当前事务中所做的任意更改并结束事务，也可能启动新事务
Cancel	取消执行挂起的、异步 Execute 或 Open 方法调用
Cancel (RDS)	取消当前运行的异步执行或获取
CancelBatch	取消挂起的批更新
CancelUpdate	取消在调用 Update 方法前对当前记录或新记录所做的任意更改
CancelUpdate (RDS)	放弃与指定 RecordSet 对象关联的所有挂起更改，从而恢复上一次调用 Refresh 方法之后的值
Clear	删除集合中的所有对象
Clone	创建与现有 RecordSet 对象相同的 RecordSet 对象，可指定该副本为只读
Close	关闭打开的对象及任意相关对象
CompareBookmarks	比较两个书签并返回它们相差值的说明
ConvertToString	将 RecordSet 转换为代表记录集数据的 MIME 字符串
CreateObject (RDS)	创建目标业务对象的代理并返回指向它的指针
CreateParameter	使用指定属性创建新的 Parameter 对象
CreateRecordset (RDS)	创建未连接的空 RecordSet 对象
Delete(ADO Parameters Collection)	从 Parameters 集合中删除对象
Delete(ADO Fields Collection)	从 Fields 集合中删除对象
Delete(ADORecordSet)	删除当前记录或记录组
Execute(ADOCommand)	执行在 CommandText 属性中指定的查询、SQL 语句或存储过程
Execute(ADOConnection)	执行指定的查询、SQL 语句、存储过程或特定提供者的文本等内容
Find	搜索 RecordSet 中满足指定标准的记录
GetChunk	返回大型文本或二进制数据 Field 对象的全部或部分内容
GetRows	将 RecordSet 对象的多个记录恢复到数组中
GetString	将 RecordSet 按字符串返回
Item	根据名称或序号返回集合的特定成员
Move	移动 RecordSet 对象中当前记录的位置
MoveFirst、MoveLast、MoveNext 和 Move Previous	移动到指定 RecordSet 对象中的第一个、最后一个、下一个或前一个记录，并使该记录成为当前记录
MoveFirst、MoveLast、MoveNext、MovePrevious (RDS)	移动到显示的 RecordSet 中的第一个、最后一个、下一个或前一个记录

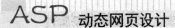

续表

方　法	说　明
NextRecordset	清除当前 RecordSet 对象并通过提前命令序列，返回下一个记录集
Open(ADO onnection)	打开到数据源的连接
Open (ADO RecordSet)	打开游标
OpenSchema	从提供者获取数据库模式信息
Query (RDS)	使用有效的 SQL 查询字符串返回 RecordSet
Refresh	更新集合中的对象以便反映来自提供者的可用对象，以及特定于提供者的对象
Refresh (RDS)	对在 Connect 属性中指定的 ODBC 数据源进行再查询并更新查询结果
Requery	通过重新执行对象基于的查询，更新 RecordSet 对象中的数据
Reset(RDS)	根据指定的排序和筛选属性，对客户端 RecordSet 执行排序或筛选操作
Resync	从基本数据库刷新当前 RecordSet 对象中的数据
Save (ADO Recordset)	将 RecordSet 保存（持久）在文件中
Seek	搜索 RecordSet 的索引，以便快速定位与指定值相匹配的行，并将当前行的位置更改为该行
SubmitChanges (RDS)	将本地缓存的可更新 RecordSet 的挂起更改提交到在 Connect 属性中指定的 ODBC 数据源中
Supports	确定指定的 RecordSet 对象是否支持特定类型的功能
Update	保存对 RecordSet 对象的当前记录所做的所有更改
UpdateBatch	将所有挂起的批更新写入磁盘

4．ADO 事件

ADO 事件如表 C-4 所示。

表 C-4　ADO 事件

事　件	说　明
BeginTransComplete、CommitTrans Complete 和 RollbackTransComplete (ConnectionEvent) 方法	以下 Event 处理方法将在 Connection 对象的关联操作执行完成后进行调用。BeginTransComplete 在 BeginTrans 操作后调用，CommitTransComplete 在 CommitTrans 操作后调用，RollbackTransComplete 在 RollbackTrans 操作后调用
ConnectComplete 和 Disconnect (Connection Event)方法	在连接开始后调用 ConnectComplete 方法，在连接结束后调用 Disconnect 方法
EndOfRecordset (RecordsetEvent)方法	当试图移动到超过 RecordSet 末尾行时，调用 EndOfRecordset 方法
ExecuteComplete (Connection Event) 方法	命令执行完成之后，调用 ExecuteComplete 方法
FetchComplete (RecordsetEvent)方法	当在长异步操作中，所有记录已经被恢复（获取）到 RecordSet 之后，调用 FetchComplete 方法
FetchProgress (Recordset Event)方法	在长异步操作期间，定期调用 FetchProgress 方法，以便报告当前有多少行已经被恢复（获取）到 RecordSet 中
InfoMessage (Connection Event)方法	在 ConnectionEvent 操作期间，一旦出现警告，则调用 InfoMessage 方法
onError (Event) 方法 (RDS)	在操作期间，一旦发生错误，则调用 onError 方法
onReadyStateChange (Event)方法(RDS)	一旦 ReadyState 属性的值发生更改，则调用该方法
WillChangeField 和 FieldChange Complete (RecordsetEvent)方法	在挂起操作更改 RecordSet 中一个或多个 Field 对象的值之前，调用 WillChangeField 方法。在挂起操作更改一个或多个 Field 对象的值之后，调用 FieldChangeComplete 方法

续表

事 件	说 明
WillChangeRecord 和 RecordChange Complete (RecordsetEvent)方法	在 RecordSet 中一个或多个记录（行）发生更改之前，调用 WillChangeRecord 方法。在一个或多个记录发生更改之后，调用 RecordChangeComplete 方法
WillChangeRecordset 和 Recordset ChangeComplete (RecordsetEvent)方法	在挂起操作更改 RecordSet 之前调用 WillChangeRecordset 方法。在 RecordSet 更改之后，调用 RecordsetChangeComplete 方法
WillConnect (ConnectionEvent) 方法	在连接开始之前，调用 WillConnect 方法。在挂起连接中，使用的参数将作为输入参数，并可以在方法返回之前更改。该方法可以返回取消挂起连接的请求
WillExecute (ConnectionEvent)方法	WillExecute 方法在对该连接执行挂起命令之前调用，使用户能够检查和修改挂起执行的参数，该方法可以返回取消挂起连接的请求
WillMove 和 MoveComplete (RecordsetEvent) 方法	在挂起操作更改 RecordSet 中的当前位置之前，调用 WillMove 方法。RecordSet 中的当前位置发生更改之后，调用 MoveComplete 方法

5. ADO 属性

ADO 属性如表 C-5 所示。

表 C-5 ADO 属性

属 性	说 明
AbsolutePage	指定当前记录所在的页面
AbsolutePosition	指定 RecordSet 对象当前记录中的序号位置
ActiveCommand	指示创建关联的 RecordSet 对象的 Command 对象
ActiveConnection	指示指定的 Command 或 RecordSet 对象当前所属的 Connection 对象
ActualSize	指示字段的值的实际长度
Attributes	指示对象的一项或多项特性
BOF 和 EOF	BOF 指示当前记录位置位于 RecordSet 对象的第一个记录之前。EOF 指示当前记录位置位于 RecordSet 对象的最后一个记录之前
Bookmark	返回唯一标识 RecordSet 对象中当前记录的书签，或者将 RecordSet 对象的当前记录设置为由有效书签标识的记录
CacheSize	指示缓存在本地内存中的 Recordset 对象的记录数
CommandText	包含要根据提供者发送的命令文本
CommandTimeout	指示在终止尝试和产生错误之前，执行命令期间需等待的时间
CommandType	指示 Command 对象的类型
Connect	设置或返回对其运行查询和更新操作的数据库名称
ConnectionString	包含用于建立连接数据源的信息
ConnectionTimeout	指示在终止尝试和产生错误前，建立连接期间等待的时间
Count	指示集合中对象的数目
CursorLocation	设置或返回游标服务的位置
CursorType	指示在 RecordSet 对象中使用的游标类型
DataMember	指定要从 DataSource 属性引用的对象中检索的数据成员的名称
DataSource	指定包含的数据将被表示为 RecordSet 对象的对象
DefaultDatabase	指示 Connection 对象的默认数据库
DefinedSize	指示 Field 对象定义的大小
Description	描述 Error 对象

续表

属　性	说　明
Direction	指示 Parameter 表示的是输入参数、输出参数还是既是输出又是输入参数，或该参数是否为存储过程返回的值
EditMode	指示当前记录的编辑状态
ExecuteOptions (RDS)	指示是否启用异步执行
FetchOptions	设置或返回异步获取的类型
Filter	指示 RecordSet 的数据筛选条件
FilterColumn (RDS)	设置或返回计算筛选条件的列
FilterCriterion (RDS)	设置或返回在筛选值中使用的计算操作符
FilterValue (RDS)	设置或返回用于筛选记录的值
Handler (RDS)	设置或返回包含扩展 RDSServer.DataFactory 功能的服务器端自定义程序（处理程序）的名称的字符串，以及处理程序所用的任意参数，它们均由逗号(",")分隔开
HelpContext 和 HelpFile	指示与 Error 对象关联的帮助文件和主题 HelpContextID 返回帮助文件中主题的、按长整型值返回的上下文 ID； HelpFile 返回字符串，用于计算帮助文件的完整分解路径
Index	指示对 RecordSet 对象当前生效的索引的名称
InternetTimeout (RDS)	指示请求超时前将等待的毫秒数
IsolationLevel	指示 Connection 对象的隔离级别
LockType	指示编辑过程中对记录使用的锁定类型
MarshalOptions	指示要被调度返回服务器的记录
MaxRecords	指示通过查询返回 RecordSet 的记录的最大数目
Mode	指示用于更改 Connection 中数据的可用权限
Name	指示对象的名称
NativeError	指示针对给定 Error 对象的特定提供者的错误代码
Number	指示用于唯一标识 Error 对象的数字
NumericScale	指示 Parameter 或 Field 对象中数值的范围
Optimize	指示是否应该在该字段上创建索引
OriginalValue	指示发生任何更改前已在记录中存在的 Field 的值
PageCount	指示 RecordSet 对象包含的数据页数
PageSize	指示 RecordSet 中一页包含的记录数
Precision	指示在 Parameter 对象中数字值或数字 Field 对象的精度
Prepared	指示执行前是否保存命令的编译版本
Provider	指示 Connection 对象提供者的名称
RecordCount	指示 RecordSet 对象中记录的当前数目
RecordsetandSourceRecordset(RDS)	指示从自定义业务对象中返回的 ADOR.RecordSet 对象
ReadyState(RDS)	在 RDS.DataControl 对象获取数据到它的 RecordSet 对象中时，反映其进度
Server (RDS)	设置或返回 IIS 名称和通信协议
Size	指示 Parameter 对象的最大值（按字节或字符）
Sort	指定一个或多个 RecordSet 以之排序的字段名，并指定按升序还是降序对字段进行排序
SortColulmn (RDS)	设置或返回记录以之排序的列

续表

属　性	说　明
SortDirection (RDS)	设置或返回用于指示排序顺序是升序还是降序的布尔型值
Source (ADO Error)	指示产生错误的原始对象或应用程序的名称
Source (ADO Recordset)	指示 RecordSet 对象（Command 对象、SQL 语句、表的名称或存储过程）中数据的来源
SQL (RDS)	设置或返回用于检索 RecordSet 的查询字符串
SQLState	指示给定 Error 对象的 SQL 状态
State	对所有可应用对象，说明其对象状态是打开还是关闭 对执行异步方法的 RecordSet 对象，说明当前的对象状态是连接、执行还是获取
Status	指示有关批更新或其他大量操作的当前记录的状态
StayInSync	在分级 RecordSet 对象中，指示当父记录位置更改时，对基本子记录（即"子集"）的引用是否更改
Type	指示 Parameter、Field 或 Property 对象的操作类型或数据类型
UnderlyingValue	指示数据库中 Field 对象的当前值
Value	指示赋给 Field、Parameter 或 Property 对象的值
Version	指示 ADO 版本号